心理学与情商、智商、逆商

修炼情商，获得改变命运的强大力量

提升智商，即刻复制聪明人的头脑　唤醒逆商，激发自我的无限潜能

刘丽娜 / 著

增订4版

中国法制出版社
CHINA LEGAL PUBLISHING HOUSE

图书在版编目（CIP）数据

心理学与情商、智商、逆商／刘丽娜著．—4 版．—北京：中国法制出版社，2020.9

ISBN 978－7－5216－1186－1

Ⅰ．①心… Ⅱ．①刘… Ⅲ．①成功心理－通俗读物 Ⅳ．①B848.4－49

中国版本图书馆 CIP 数据核字（2020）第 123560 号

策划编辑：李　佳（amberlee2014@126.com）
责任编辑：王　悦（wangyuefzs@163.com）　　封面设计：周黎明

心理学与情商、智商、逆商

XINLIXUE YU QINGSHANG、ZHISHANG、NISHANG

著者／刘丽娜

经销／新华书店

印刷／北京海纳百川印刷有限公司

开本／710 毫米×1000 毫米　16 开　　印张／13.5　字数／137 千

版次／2020 年 9 月第 4 版　　2020 年 9 月第 1 次印刷

中国法制出版社出版

书号 ISBN 978－7－5216－1186－1　　定价：39.80 元

北京西单横二条 2 号

邮政编码 100031　　传真：010－66031119

网址：http：//www.zgfzs.com　　**编辑部电话：010－66054911**

市场营销部电话：010－66033393　　**邮购部电话：010－66033288**

（如有印装质量问题，请与本社印务部联系调换。电话：010－66032926）

前言

新东方创始人俞敏洪曾经说过这样一句话："这个世界上能决定你未来的有三大要素：第一大要素叫作智商，第二大要素叫作情商，第三大要素叫作逆商。"在他看来，智商、情商与逆商的高低，决定了人生成就的大小、个人幸福感的高低。

的确，未来社会的竞争不仅仅是智商的竞争，也是情商的竞争，而逆商的重要性更不必多言。我们生活在一个生存困难度日渐增加的时代，要想在这个瞬息万变、逆境环生的多元化时代获得更高的成功率，逆商是一个必备要素。

那么，如何将情商、智商、逆商进行完美的结合，使三者既可以起到促人上进的作用，又可真正地使我们在安全的前提下，去尝试触及自己的极限呢？

这就需要心理学的帮助了。

1845年，年仅28岁、对人生陷入迷茫的梭罗厌倦了城市喧嚣，开始了自己的田园试验——在瓦尔登湖生活了两年多。在《瓦尔登湖》中，他这样书写自己从繁华的城市来到自然的理由："我希望我可以更有意识地生活，只面对生命中最基本的那些事实，我想看看，我是否能学会它教导我们的，而不是等到我将死之时，才猛然发现，自己从来未曾真正地活过。”

生命中的一个基本事实是，如何选择并创造一种“自己”的生活：知道你是谁、你想要成为什么样的人，无疑是获得“自我生活”的前提。而你现在是什么样的人，以及你正在成为什么样的人，都需要从心理学的角度去探索。心理学能够教给你的，不是如梭罗一般，非要亲身跑至人迹稀少的田原去生活才能体会与领悟到的成长经验，而是让你能够通过对自己的研究、认知来获得自己所渴望的品质生活。

这恰恰与我们提升情商、智商与逆商的目标殊途同归：不管你渴望的是在职场上的进步，还是在日常生活中更加从容，抑或是在逆境中重生，从心理学的角度去认知当下的处境，去探索自我突破的方法，无疑都是最适合的——它立足的是你的“本我”，追求的是你的“自我”。

在这篇短小的序言中，实在难以概述心理学与情商、智商、逆商之间的关联。在接下来的阅读中，你会发现情商的力量、智商的作用、逆商的重要性，并能够借助专家的解读进一步加深理解。当你能够将书中的内容逐渐消化、理解与运用后，你会发现：品质生活已然近在眼前。

目　录

第一篇　心理学与情商

第二篇　心理学与智商

第三篇　心理学与逆商

第一篇

心理学与情商

自从美国哈佛大学心理学系教授丹尼尔·戈尔曼提出了“情商”一词后，心理学与情商之间的相互关系便被世人越来越清晰地看到。当我们想要提升情商时，从心理学角度去观察情绪，从心理学的角度去矫正情绪，从而全面地提升自己的涵养，无疑是一种快速而又有效的途径。

第一章　发现情商：从心理学一窥情商的秘密

你比很多人都聪明，却只能眼睁睁地看着他人成功，自己在现实中屡屡碰壁；你工作能力强，而你的薪水与职位却与你的能力丝毫不匹配；你曾经怀揣理想，但如今只能以“适应不了社会”为由，将梦想藏匿……成功并非偶然，那些能够在社会中表现得游刃有余的人，必定有其出色之处，而维系他出色的关键，就是他的高情商。

情商越高，社会能力越强

不管你是学生、职场人士还是自由职业者，你都极有可能出现过此类想法：为什么有些人明显看起来脑袋聪明，但是生活得不尽如人意；而有些人看起来智力平平，却可以过得很幸福？

同样的现象也反映在生活中：有些人物质生活并不富裕，但看起来很幸福快乐，生活中充满了欢笑，在他们的周围也往往有各式各样乐于与之交往的人；而某些相对富有的人却总是在抱怨生活的不公，与他们交往，只会听到不满。为什么他们的处境会相差如此之多？

事业、物质生活的成功就一定代表了个人社会能力的强大吗？一个人在社会上有多成功与个人有多幸福之间的矛盾在哪里？答案就是情商——一种了解、控制自身与他人情感的能力。情商高，你就可以把握说话做事的分寸，去促成自己想要看到的结果；而情商低，则直接影响个人的社会能力、生存状态。

白领一族的亚妮刚刚忙完一天的工作，正期待着晚上与男友一起去听钢琴演奏会。去车库取车时，她发现一辆车斜停在了自己的车位后方——这给倒车技术本就不怎么样的亚妮更增加了倒车难度。“这人真自私！如果我见了他，一定要教育教育他！”

她费了九牛二虎之力将车倒出后，正好遇到了车库管理员。“你们怎么做事的？这人车停成这样，你们难道没有看到吗？”车库管理员自然不会礼让，两人言语中难免有冲撞。亚妮愤怒地威胁道：“我会直接向你们上司投诉你！”

与男友相会后，亚妮还在为刚刚发生的事情愤怒，就连男友温柔的劝慰都听不进去。带着这种情绪坐在华丽的演奏厅里，美妙的音乐也变得刺耳。这真是一个扫兴的夜晚。

当演奏会结束后，男友邀亚妮一起用餐。两人已经好几日未能一起吃饭了，而亚妮却拒绝了：“今天没心情，改天吧！”看到亚妮这样的态度，男友也气呼呼地走了。一场原可以十分美妙的约会就因为一位素不相识的人停歪了车而变得无趣。

我们对自己所经历的那些令人不快的事感到生气是一件自然的事，但因此而让接下来的一连串事情变得糟糕就是典型的情商低下了。但身处此类场景中的人并不会意识到这一点。他们没有考虑到可能事出有因，而任由抱怨与不满来摧毁自己的快乐。

情商所指向的是个人在情绪、意志、耐受挫折等方面的个人品质。它表明了一个人运用理智去控制情感、操纵自我行为的能力。可以说，它是一种克服内心矛盾冲突、协调人际关系的技巧。个人的情绪智商彰显了个人的生活智慧，同时也表明了个人社会能力的强弱。

不管是情商理论的创始人塞拉维教授和梅耶教授，还是将情商进一步发扬光大的丹尼尔·戈尔曼，这些心理学家都认可这样的观点：情商是个体生存的重要能力。而且，个人社会地位越高，情商也就越重要。

在心理学界，情商的高低有明确的界定，这种界定我们可以从下表中看到。

高情商

- 认可所有人拥有人权，并尊重他人；
- 从不将自己的观点、价值观强加于人；
- 对个人拥有清醒认知，知道自己能干什么，不能干什么；
- 以认真的态度对待每一件事；
- 可承受压力；
- 自信却不自满；
- 人际关系良好，有可交心的朋友；
- 善于处理各类问题。

较高情商

- 拥有责任感；
- 自尊自爱；
- 较自信且不自满；
- 拥有较良好的人际关系，可以与大多数人进行良好交往；
- 可应对生活中大多数的问题，不会有太大心理压力；
- 拥有独立人格，但在某些情况下，会受到他人焦虑情绪的影响。

较低情商

- 易受他人影响，个人目标不明确；
- 能原谅他人的无心之过；
- 能应付与控制不良情绪；
- 认为“自尊”与“他人认可”程度有密切关系；
- 易动摇个人观点；
- 人际关系较差。

低情商

- 对待自己与他人总是双重标准；
- 无明确目标，也不打算付诸实践；
- 习惯逃避问题；
- 说话没有节制、没有节奏；
- 处理人际关系能力差；
- 情绪控制能力差，常发火、常焦虑；
- 生活无秩序；
- 乐于抱怨，爱推卸责任；
- 乐于辩论争吵，对他人的生活指手画脚。

值得一提的是，在普通人群中，情商的分布往往遵循钟形曲线定律："较高情商"与"较低情商"的人占据大多数，他们是社会的主流。

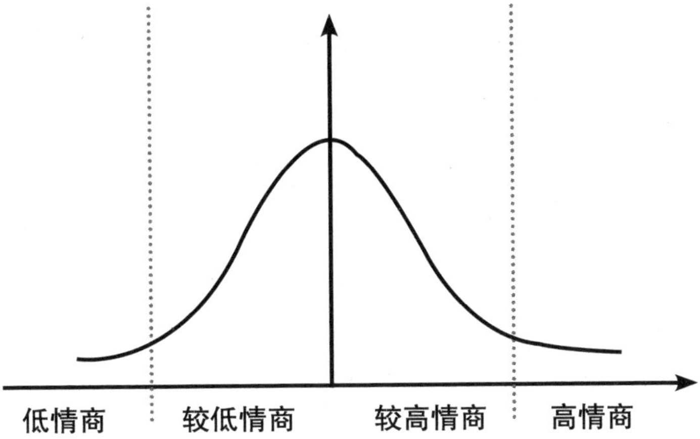

情商领域同样存在"马太效应"

近代心理学一向推崇"马太效应"，财富领域是"马太效应"最明显的领域，有钱者在理财有道的基础上变得更有钱。

大部分人不能理解的是，在情商领域中，也有类似的"贫富分化"现象："较高情商"者往往有机会向着"高情商"领域发展，因为他们已有足够的能力去获得他人的良好反馈，去接触到更出色的人群；"较低情商"的人却因为接触更多的负面影响，而更容易陷入恶性循环。个人意识到这种恶性循环，并寻求解决之道，不仅是情商提升的基础，更是社会能力增强的前提。

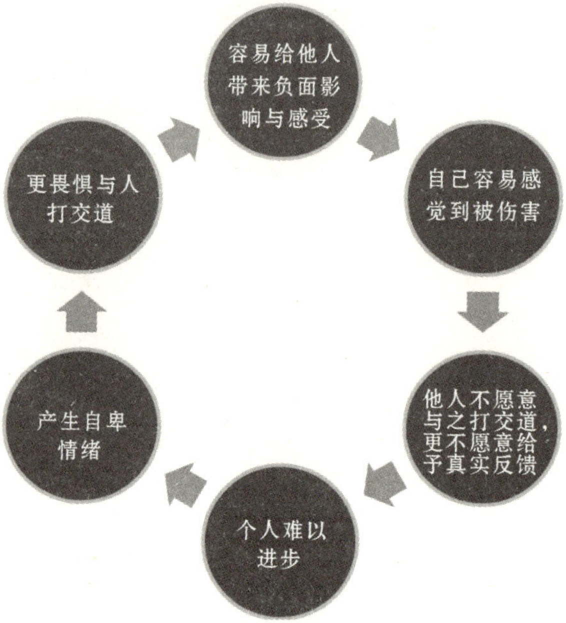

某些人在不同的场合中，个人情商的体现是不同的

个人情商的高低往往也会因为场合、情境的不同而不同，你可以看到：有些人异性缘颇佳，但对待亲人粗暴无比；有些人在职场上是典型的精英，但在私下场合不善与人相处；有些人在面对陌生人时毕恭毕敬，但在亲近的人面前随意发火。这种因场合、情境的不同而表现出不同情商水准的情况，归根结底也是因为个人在情商与表现能力上存在缺陷。

情商是可以提升的能力

与出身、家庭等不可选择的外界条件相比，情商是可以改变的。它是一种能力而非一种天赋，既然是能力，便有办法提升它。

真正阻碍我们提升情商的最大障碍是我们未曾意识到这种能力是可以改变的。我们乐于将某些人的高情商归因于他们的幸运或者家世。

在这种情况下，多数人会自我设限：

“情商是一种天赋。”

“我天生不善于沟通。”

“我天生暴脾气、没耐心。”

其实，当我们改变了自己的想法后，这些自我设限便会成为自我提升的起点：

“目前我还不懂如何提升情商。”

“目前我还不懂如何与人有效沟通。”

“目前我还没有学会怎样控制情绪。”

意识到这种能力可以提升，并发觉自己在情商能力上的不足与缺陷，是我们开始全面提升情商乃至社会能力的基础。当然，这会是一个长期的过程。但是，它会带给我们巨大的收获。对于绝大部分人而言，情商上的每一点进步，都是在为生活幸福与职业成功添砖加瓦。

真正的幸福源于高情商

生活实践告诉我们，与那些社会交往能力差、性格孤傲的高智商者相比，那些虽然智力平平，但可以敏锐察觉他人情绪变化、善于控制自我情绪的人，更容易找到自己想要的工作，同时也更容易取得成功。

若将人生比喻成一辆全速行驶的列车，那么，情商不仅可以为列车提供足够的动力，同时还决定着列车的前行方向。一个人若想取得事业上的成功，往往需要正确的思想与信仰来指引方向，而那些真正具有建设性的精神力量，则往往蕴藏在能够左右人生命运的情商中。所以，可以说命运的轮船驶向何方，取决于个人情商的高低。

人类历史上有关情商决定人生走向的故事并不少，而最有代表性的莫过于路易斯 · 福克斯的故事。

1936年9月7日，世界台球冠军争夺赛于纽约正式拉开帷幕。凭借着高超的球技，路易斯在这场比赛中一直处于遥遥领先的地位，事实上，比赛进行到中后段时，明眼人一眼便可看出，只要路易斯稳定发挥，再拿几分，冠军就是他的了。

就在大家已私下将路易斯视为冠军时，一件事情改变了路易斯的人生走向：有一只闯入了赛场的苍蝇落在了主球上，路易斯起初挥手将苍蝇赶走了。可是，当他再次俯身准备击球时，那只苍蝇又飞回了主球。在观众的笑声中，他再一次起身，将苍蝇驱赶开。

那只令人讨厌的苍蝇使路易斯的心情跌入了低谷，然而更糟糕的事情发生了：苍蝇如同有意与路易斯作对一般，路易斯刚回到球台上，它便又飞到了主球上，整个观众席上的人都哈哈大笑起来。

路易斯的情绪因此恶劣到了极点。他终于失去了理智，并生气地使用球杆去击打苍蝇。没想到，球杆没有打到苍蝇，却碰到了主球。裁判判路易斯击球未得分，他因此离冠军便远了一步。

这次误击成了路易斯此次比赛的拐点：他方寸大乱、连连失利，而他的对手约翰·迪瑞却愈战愈勇，终于赶上并超过了他，摘得了此次比赛的桂冠。路易斯失意离场。

次日早上，人们在河中发现了路易斯的尸体——他竟然因为一只苍蝇导致比赛发挥失常投河自杀了！

当情绪处于低潮时，情商低下者往往会迁怒于周遭所有的人、事、物，这本身是可以理解的，但是，情商低下者往往会在其他环境中忽视了自身所拥有的各类优势。

情商能力的五大方面

心理学家丹尼尔·戈尔曼博士将情商概括为五个方面的能力：

- 认识自身情绪的能力；
- 妥善管理情绪的能力；
- 自我激励的能力；
- 认知他人情绪的能力；
- 人际关系的管理能力。

从上述五个方面来概括，情商必须分为两部分：

对自我情绪的控制能力，即“避免让自己情绪不佳”的能力；

对外输出情绪的能力，即“让他人情绪很好”的能力。

当你拥有了这两种能力以后，你会发现，自己在生活、工作中会占据以下的优势。

为自己是一个不错的人而感到自信

不管你遇到的是什么样的负面情况，你的自信会让你深信，你有能力走出当下的困境，而这种自信也将很好地帮助你找到能够解决问题的人与事。

得到他人的尊重，让他人更喜欢你

当你真心实意地为他人着想时，他人便会信任你、尊重你，他们会感激你的体贴与诚意，乐于与你待在一起。在某种程度上，他们甚至会想要成为你!

更强的交际能力

“让他人情绪很好”是情商的重要部分，而这种使他人情绪很好的能力，将会使你与他人相处融洽。你能够敏锐地感觉到他人的感受与情绪变化；你可以在自己不赞同的情况下依然赞赏他人的观点；你不仅能够清楚地表达自己的感受，还可以很好地传达他人的理解，化解严重的分歧。当你做到了这些时，你便已经具备了比大部分人更强的交际能力了。

更融洽的人际关系

亲密的关系往往需要灵敏性、忍耐度、接受力与理解力，而情商则是个人努力建立起亲密关系的动力与前提。

工作的成功

情商上的优秀也将让你赢得职场上的成功。在美国企业界，人事主管们普遍认为："智商令人得以录用，而情商令人得以晋升。"

情商出色的人，在人生的任何领域都拥有优势，不管是在爱情、友情等亲密关系中，还是在职场中，他们都能够正确地领会决定幸福与成功的潜规则。

透过内省的魔镜认识自己

乔布斯这个桀骜不驯的人在21世纪的头十年里，成了一个不可超越的偶像。他的一言一行、行事风格为许多人所追捧，而其最令人敬佩的，就是他特立独行的性格。他习惯于遵从自己的思想，在苹果企业内部，他的意志甚至会变成不可被触碰的行事法则。他在人生的最后十年里，比任何人都彻底地做回了自己。于是，人群中有这样的声音：学习乔布斯，只做你自己。

这种"只做自己"的自大，的确成就了乔布斯，但大部分人却遗忘了"乔式成功"的前提：乔布斯拥有少有人可比拟的商业才能与艺术美感。虽然乔布斯的确说过："听从你自己内心的声音。"但是，对于普通人而言，我们需要知道的是，他毕生最大的愿望就是与苏格拉底相处一下午，因为他坚信，这位哲学家可以帮助他“认识你自己”。

“认识你自己”其实是一种内省。这种内省是对客观自我的认识与评价，同时也是在这一基础上对自己作出的某种判断。正确的自我评价对个人心理生活与情商有着极大的影响，就如同堂吉诃德一般，这个可怜的人儿便是因为自我认知出现了错误，而导致个人生活出现了偏差：在他自己看来，他是勇士、是光荣的骑士，他贯彻并实施这一自我认知；但在他人看来，他只是一个精神失常的人。

个人对自我估计与社会上他人对自我客观评价距离过于悬殊，是个人与周遭人士之间的联系失去平衡、产生矛盾的关键。长此以往，便会形成稳定的心理特征：过分自满或自卑，这对个人情商的发展自然不利。

杨洋在大学里是一位优秀的学生会干部，同时还是班上的三好学生，连年赢得奖学金的他在老师眼中是名副其实的“天之骄子”。

大学毕业后，杨洋依靠自己的实力找到了一家外贸公司，在他的入职计划中明确地表示：自己将在半年内脱离基层岗位，迈向管理岗位；两年内，自己将得到公司高层的赏识，自此职场一帆风顺。

但入职不久，他便发现，现实与理想相差太远：由于公司声名远播，招进来的新员工皆为佼佼者，杨洋在其中根本没有任何的优势。再加上与在校受重视的反差加大，大受打击的他在实习期间便已表现不佳。一年过去了，同时进入公司的新员工已在各方面大有长进，但杨洋依然表现平平。

这让杨洋非常不满：一方面为了维护自尊，他处处表现出自己身为“人杰”的模样；另一方面他在能力上的缺陷又导致他的自卑加重，而不愿意承认事实的他显然在短期之内无法走出来。

无法正确认识自我的杨洋不能正视自己的短处，又不能放下过往的辉煌，在现实的挫折面前，便产生了自负而又自卑的自我保护——未能顾及社会位置、所在环境的改变而发展自我，杨洋的人生自然会陷入困境，摆脱这种困境的关键，恰恰在于正确的自我认知。

自我认知无所谓好坏，也无所谓是否与众不同，但是，对于“自我”的定义过于顽固，就相当于在给自己的人生设限。

在一定时期内，每个人的能力都是固定的，至于能发挥多少、运用多少，多半取决于我们的自我认知。比如说，如果你认定自己是有能力、有才华的，那么，你便有机会发挥出符合这一认定的一切天赋——不管你的自我认定是“窝囊”“疯子”还是“赢家”或者“风云人物”，这些认定都会对你的能力发挥产生或好或坏的影响。

定期地进行内省的作用就在于此：高情商者以内省促进个人发展，低情商者以“自我认定”自我设限。他们要么不会内省，要么在内省以后不进行更正。“我就是这副德行了！”秉承这样的人生态度，便是在扼杀自己的机会，从而让自己的情商、心理与人生同时变得不可改变。

相比之下，一个有效的内省却可以带来神奇的改变：通过内省，你的视角可能会出现变化，一下子从困顿中跳出来；通过内省，你可能突然发现了自己一个根深蒂固的局限，并最终结束了它，转向令你欣喜并更广阔的空间；通过内省，你可能突然意识到了自己的问题，从而使与某人僵持的关系变得顺畅而自由……

内省的力量就在于，让一个人从心理、思想层面上真正地认识自己、改进自己，从而对情商的醒觉度不断地提升。美国心理学家安东尼·罗宾森给出了内省的几个具体渠道。

自省 + 参照他人

每日复盘自己今日经历的事情、自己的处事方法，并尝试使用旁观者的角度看自己。

参照他人	内省角度	你的回答
朋友	看你自己喜欢什么样的人，问问自己，为什么喜欢这样的人； 问问你的朋友，为什么喜欢你。	
敌人	看自己讨厌什么样的人，问自己为什么讨厌他； 思考一下，对方为什么讨厌你。	
陌生人	看自己对各类热点事件中热点人物的评价，再看看他人的评价，并思考为什么我与他们相同，为什么我与他们不同。	
父母	抽空与父母聊聊，每个人都无法摆脱父母的影子。	
孩子	有孩子的话，观察他的成长，观察他对外界的反应，每个孩子都是父母的影子。	

分析自己的优势与不足

内省应源于对自我的准确认知，而这种认知中需要包括对个人优势与不足的正确辨析。许多人习惯于从世界观、人生观与价值观来分析自己，但事实上，这种太过于宏大的角度并不利于个人内省。相比之下，按照自己的社会角色来分析，便显得明确、有的放矢得多。

社会位置	内省问题	你的回答
工作中的自己	领导、下属、同事、公司员工，这几个角色自己做得如何？对他人有过哪些帮助？给他人造成过哪些困扰？	
家庭中的自己	作为丈夫（妻子）、作为子女、作为父亲（母亲），你有哪些特点？是否能让家人幸福？	
社会中的自己	作为朋友、作为邻居、作为一面之交、作为陌生人……你有哪些特点？	

内省是一个需要长期持续的漫长过程，如果你在某些方面有困惑，也不需要强迫自己一蹴而就。不如现在问问自己："我在哪个方面存在问题？"并从那一点开始。

千万别忘记自己

德国心理学家埃里克森将人生看成一个经过了一系列阶段的过程，每一阶段都有其特殊的目标、任务与冲突。这种观点认为，在每一阶段的发展里，个体皆面临一个发展危机，每一个危机都涉及一个积极的选择与一个潜在的消极选择之间的冲突。若冲突解决得好，个人便会相应地向着积极的方向发展；冲突解决得不好，便有可能影响个人日后的发展。

建立在这种观点之上，各个阶段的自我也有着不同的任务：学生时期的学习；工作时期的合作与自主学习；婚姻生活中的自爱与爱他人……但我们需要明确的是，内省并不是为了满足他人，内省的目的是为了让自己比以往活得更好。

因此，在所有的分析中，我们都需要立足于自己来进行审视。

当下角色：________	内省回答
我在这个角色上，什么时候最开心？	
什么时候最失望？	
哪些时候会情绪失控？	
哪些时候会有成就感？	
哪些时候最有挫败感？	

在内省的过程中，我们需要铭记这样一句心理学名言："你不是你所想象的那个自己。"我们会不自觉地在自我认知的过程中，丑化或美化自己。这也是一个永恒的问题：我们渴望认识自己，但是，我们却不能彻底地认识自己，在随着环境变化的前提下，人也在随时变化。

所以，记录便显得尤其重要：记录眼下发生的事件、快乐与痛苦，以及持续的时间，分类整理并进行合理的推论。

持续这样做你或许永远也无法彻底认识你自己，但是，你离"自知"更近了一步。

情绪表达将影响你的整个人生

情商高的人由于能够清醒地了解、把握自我情绪上的变化，同时敏锐感受并有效地反馈他人情绪上的变化，因此，他们在生活中的各个方面都占据了优势。这种优势直接决定了这部分人可以充分而又完善地发挥他们自身所拥有的多项能力，也包括他们的天赋。

这种出色往往表现在他们的自知、自控、正确表达自我、社交技巧等各个方面。在这一意义上来说，情商高低左右着我们的人生走向。

而个人情绪表达又是整个情商能力的基础，因此，我们可以下这样的断言：情绪表达将影响我们的整个人生。

一般情况下，就算再熟悉的亲友，也无法彻底地了解我们内心的感受——他人更多的是借着我们的行为表现来预测我们内心的感受。但是，这种基于往日情绪状况上的认知很有可能是错误的：个人行为表现的有限与当下有可能发生的不适当，会导致他人弄错我们真正的情绪，而在这种情况下误解必然会发生。

在家人与朋友看来，不管李青感觉生气还是沮丧，抑或是满意、平静时，她的举动看起来都是一样的：她将自己关在小屋子里，不停地敲打着电脑键盘，“与电脑交流”成了她隔离自己，避免受到外界干涉的最佳方式。

这种情况下，家人与朋友只能推测她的情绪。因为过分的关心，他们习惯于做最坏的假设：让她独自一人，并期望她能熬过可怕的情绪，结果，他们逐渐地习惯了没有她的生活。

与李青不同，佳佳的表现是哭泣：不管是伤心、疲劳还是焦虑，只要是负面情绪出现，她都会以哭泣来发泄。虽然所有人都能注意到她的反应，但是，除了叹气他们也不想多管她。“反正她总是这样，一会儿就好了。”就这样，佳佳被冠以“脆弱”之名，不管是朋友出行还是团队合作，大家都不愿意与她同行——大家害怕她突如其来的眼泪。

相信每一个人都曾有过这样的经历：我们愤怒、不安，希望他人理解自己，但却不得要领，以笨拙、有害或误导的方法来错误地表达情绪。正确地表达情绪，你的人生将会获得巨大的改观：你不仅将获得更积极的沟通结果、更高效的沟通效率，同时也能够增进个人与他人快乐的人生体验。这种体验将会让他人变得更乐于而不是更畏惧与你交流。

鉴于情绪表达是情商最重要的方面，我们有必要更重视情绪表达的艺术。传统上，我们表达情绪的弹性很小：往日里，我们习惯了如何表达情绪,在日后也将很难改变。这也在一定程度上印证了“江山易改，本性难移”的道理，但是，如果我们能够学习与了解这种表达的艺术，我们将更多地扩展自我人生的筹码。

要不要表达情绪

大部分人都习惯于将自我的概念、个人的情绪与行为表现维持在相同的概念框框中。

习惯性的表达局限

- 自我概念：我是谁
- 情绪：我感觉到了什么
- 行为表现：我做了什么

将上述三种情况维持在相同的框框中，往往会产生这样的问题：一旦其中某个情况与其他两个无法协调时,这个情况便会变得令人不舒服。这很容易发生在情绪与自我概念无法协调时。

比如，一位长相、修养皆不如你的朋友，却找了一位远比你的男朋友优秀的好男人——你很嫉妒她。但是，你的自我概念是“比她强多了,且是一个没有嫉妒之心的好女人”,这自然会让你感觉到自己的不好。在这种情况下，你或许会做任何事情，但就是不会表现出嫉妒情绪，因为这么做会让他人意识到，真实的你与自己想要建立、想要表现的自我根本是两个不同的形象。

在中华文化中，不良情绪往往被冠以“恶名”，比如嫉妒、发怒、焦虑，因此，我们习惯于回避真实的情绪表达。事实上，情绪多半是对我们正在进行中的事情进行反馈的，它与我们真实的自己并不符合。比如，“感觉不高兴”与“表现不高兴”在很多情况是两件完全不同的事情：你可能当下以不高兴的方式回应了同事，但事实上，你只是忙着处理马上必须上交，但你还未完成的工作，可在你的同事看来，你就是在对他表达不满或是不高兴。

一旦情绪成为反映你当下状况的方法，你会发现，它们真实地影响着你的人生。

情绪未表达，会产生数种问题

情绪未表达、未正确表达，都会导致以下问题。

你无法向周围的人传递你内心的想法

短时间的情绪被遏制、无法表达，可能不会产生大的影响，但是，长时间无法正确地表现自我情绪，便会使个人陷入失控的危险之中。许多人未能将他们焦虑、烦躁与不安的情绪表达出来，负面感觉不但没有被驱散，反而不断地淤积，直到最后全面爆发。

你剥夺了自己达成期望的机会

“滥好人”便是典型的证明。当一些你不喜欢但他人又无法觉察的小事重复地进行时，你会感觉到厌倦、烦躁不安；比如，朋友一直向你借钱，但本就资金紧张的你又没有拒绝的习惯，只得迫于“好人”名号的压力外借——这让他人误以为，你是乐于借钱的，但在你心里，这种“被迫借钱”的烦躁会逐渐增强，最终造成你情绪上的崩溃。你甚至有可能对从未向你借过钱的朋友甚至是单纯要求你帮助的同事大发雷霆。

相同的情况很容易导致愤怒。当你想要获得某些正当的权利，比如尊敬、独处甚至是短暂的休息，却没有表达出自己的情绪时，结果自然会让你不满。因为他人根本不知道你在想什么，所以他们无法做到你想要他们做的事情，而你也会逐渐地在内心累积愤怒的种子，直至最终爆发。

造成身体健康受损

不懂表达会让我们的心理与身体皆承受巨大的紧张压力，进而导致疾病，这一点已经被心理学所证实。不善表达、不懂表达的人，罹患心理疾病、心脑血管疾病的概率大大高于普通人群。

造成个人形象模糊

如果他人对你的感受没有概念，那么，他们就无法知道你的个性，所以，心理学将情绪表达视为是个人个性判断的一个重要部分。当你锁住了个性以后，便等于拒绝了你的家人、同事与朋友去认识真正的你。

所以，我们有充分的理由相信，情绪表达会影响我们的整个人生，同时，我们也有充分的理由去尽可能根据场景的不同，来正确地表达自我情绪。

第二章 利用情商：学会让情绪“为我所用”

心理学界普遍认可一个道理：一个人到底有多成功与一个人到底有多幸福并不存在必然联系。成功者未必会感觉到幸福，而幸福者未必有多么成功。一切的区别就在于情商：懂得利用情商，了解并尝试去调控自我与他人情绪，你就可以把握为人处世的分寸，你就能够促成自己想看到的结果。

了解自我：你知道自己是谁吗

一个小男孩在与父母一同出游的时候，看到了一棵自认为不同凡响的大树，便围着它转了起来，这边看看，那边瞧瞧。父母认为他在玩耍，却听到他嘴中不断地嘀咕：“像天鹅！”“像扇子！”“哇，又变了，现在像小鹿了！”后来，这个孩子成了一名出色的盆景园艺师。

在情商理论中，潜在的自我总是会以某种方式呈现出来，而发现了潜在的自我，便发现了自己内在的情绪变化。认识并把握了自己的情绪，便能够知道自己的人生，从而主导自我人生。

与低情商的人相比，高情商者是自我觉知型的人，他们了解自己的情绪，能够对自我情绪状态进行认知、体察与监控。他们具备自我意识，他们的注意力不会因为外界或者自身的情绪干扰而迷失、夸大，或者产生过度的反应，这使他们可以在情绪纷扰中保持着中立与自省的能力，同时也使他们的人生比一般人更多了一些改变与重新选择的机会。

莱恩·比其莉 7 岁时母亲过世，不久后，比其莉才发现原来自己是被领养的孩子。此时的她感受到的，不仅是养母去世的悲痛，更有被生母遗弃的失落感。为了远离这种失落感，她立志成为世界冲浪冠军，以向世界证明，自己是有价值的。

在 22 岁那年，她终于达成了目标，赢得了世界冠军。此后，她又七次刷新了女子冲浪纪录——这使她成为世界上最优秀的女性冲浪选手。

一般人在遭遇了连连打击，特别是被生母遗弃这样的事情后，往往会陷入愤怒之中。“我在愤怒面前不能自已了！”有人会这样描述自己当时的情绪。在这样的场景中，有两个我存在：一个是身临其境、怒火中烧的我，一个是旁观的我。“旁观的我”以局外人的方式来观察自己、评价自己的情绪——但是，这种“旁观的我”往往是高情商者特有的标志与权利。他们因为情绪上的出色表现，而能够与自己之间保持某种程度的距离，从而能够实现以一种“鸟瞰”的姿态来打量自己。这使他们能够与“身临其境的我”保持一定的距离，同时也能够更清楚地了解那个潜在的我与真实自我的情绪。

这种“鸟瞰自我”的姿态，其实就是了解自我、真实地认识自己的最佳姿态。我们可以说，每一个人身上都藏着世界的秘密，因此，每一个人都可以通过认识自己来与世界达成一致。在希腊哲学家中，赫拉克利特最接近这个意思，他说：“我探寻过我自己。”的确，一切出色者都是真诚的反省者，他们无情地将自己当成了标本，借此对自我、对人生、对世界有了更深刻的理解。

我们每一个人都拥有自我与自我感知

现代自我概念开创者威廉·詹姆斯认为：“一个人的自我，是他能够称作是他所有关系的总和。”这种自我不仅包括个人的身体、心智能力，还包括个人的衣服、房子、妻子、孩子、祖先、朋友、同事以及他的银行账户。所有的这些，都会给我们带来同样的情感。若它们增加、繁荣，我们就会感觉自己是人生的赢家；若它们缩减、消失，我们便有可能一蹶不振——对每个东西的感觉程度或许不同，但对这些东西感觉的方式大体一致。

从某种程度上来说，这也是为何在我们所处的这个时代，卡奴、购物狂会出现。只有在这个时代里，低情商者的自我才有机会在外界的影响下膨胀到无法抑制的程度，而人们总是期望通过不断的占有与增加来获得那种满足感。

我们过分地注意自己

如果你花了许多钱，为自己购买了一件名牌 T 恤，并进入了教室，你很可能会这样想：“今天肯定会有超过一半的同学注意到我这件昂贵的 T 恤！我穿上它变帅、变漂亮了这么多，而他们却没有。”但事实上，心理学家调查发现，只有不到 20% 的人会注意到这一点——我们总是高估周围的人对自我外表与行为的关注度，我们习惯于对自己过分关注，并以为他人也会如此关注，而这种认为“我是人群中的焦点”的错觉，往往会造成一系列的偏激反应。

这种错觉产生于“我”与“他人”的意识觉醒时。刚出生的婴儿分不清什么是自己、什么是外界，而当他们渐渐地在成长中感受到他人与自己不同时，他们才会意识到，这个世界上还有他人，而自己并不是世界的中心。

这就像社会心理学家乔治 · 赫伯特 · 米德所描述的那样：当我们能够想象自己在他人心中的形象时，我们的自我便出现了。当我们进而修正自己的行为，使之符合我们所知觉到的他人的期望时，我们便成了社会人。成熟，便是这样一个从自我中心不断地社会化的过程。高情商者开始体谅他人的存在，而低情商者却会始终将自己当成世界的中心。

而另一种代表性的证明则是：有些人习惯高估他人对自己的了解，比如，你肯定听过这样的对话："把那个给我！""那个是什么？""就是那个！哎呀,那个嘛！"还有一些人会高估自己在人群中的醒目程度，当你打电话问他在哪里时，他从来不会告诉你明确的地标，而是将自己当成地标，认为所有人都应该看到他。"我就在这儿！这儿啊！你怎么还没看到？我在这儿！"

从角色开始，了解自己

一生中，我们总是要面对、扮演很多角色：你可能是孩子的父亲，同时又是父亲的儿子；你可能是妻子的丈夫，同时又是妹妹的哥哥、哥哥的弟弟等。面对不同的对象，你需要将自己放在不同的角色中，比如，面对长辈你可能恭敬，但在小辈面前，你又可能需要表现出身为长辈的威严。

如果你使用一种既定的行为与态度来面对不同的社会角色的话，便会造成角色不清，而你的人生肯定会陷入一片混乱之中，令人无比纠结。更重要的是，在不同的人生阶段，这种角色效应也同样存在，一个阶段结束，我们就必须要从扮演的角色中抽离出去：读书期间，你的主要角色是学生，但工作以后，你就必须要以"社会人"的角色来要求自己。

每一个角色都有其固定的社会衡量标准：当你能够从这些衡量标准来观察自己，同时将自己在每一时期中的具体表现进行对比时，你就会发现，自己在某一阶段的表现如何、在某一角色中的表现如何。

我们需要了解的另一个事实是：自我始终处于不断的变化中，你可能会为昨天的选择而懊悔，也可能在一时的愤怒中无法控制自我——这些都是自我变化、发展的表现。而人的一生本身就是一个不断变化的过程，同时也是一个不断地认识自己、发现自己的过程。当你能够接受这种改变，并依据不同时期的改变来创造自我、完善自我时，你的情商也会逐渐地得到提升。

接受不完美的自己

这个世界上不存在完美的人，而且每一个人身上都有自己不愿意去正视，更不愿意他人看到的阴暗面。在这种内心矛盾之下，大多数人不惜代价，竭力地伪装自己、迎合他人，而这样的生活方式无疑加重了自己的心理负担。

事实上，我们每一个缺点的背后，都有优点在其中；每一个阴暗面的存在，都对应着一个生命赋予的礼物。好出风头往往只是自信过度的表现，胆小可以让你躲过无妄之灾，泼辣的性格在有些场合下是解决问题的极佳方式。阴暗面与光明面一样，它们共同组成了“你是谁”，只有接纳了这种光明与阴暗并存的自我，我们的情商才能够全面启程。

小佳从小接受的教育是“做一个好人”。在儿时，一旦她做错了事情，父母便会大加训斥，并随口称她为“坏孩子”。随着年龄的增长，小佳学会了掩饰自己，她总是努力讨好他人，努力地表现自己“好”的特质，而将自己那些“坏”的特质掩饰起来，不让家人与老师、同学发现。

当她踏入社会后，开始接触到越来越多的人，而她需要掩饰的东西也越来越多。在办公室里，同事们总是肆意地将自己的工作强压给小佳，此时，小佳告诉自己的是“不要生气，更不能自私”；朋友随意将她喜爱的东西拿走时，小佳所想的是“不要小心眼，东西再买就是了”；当原本属于自己的奖金被克扣后，小佳第一时间的想法不是愤怒，而是

“别贪得无厌，去年还有好多同事被辞退了呢，而自己依然在公司”。

小佳花费了如此多的时间与精力让自己变成他人眼中“和蔼可亲”的人，所以，当她身边出现了有缺点的人时，她总是在内心十分鄙夷，这也让她变得越来越愤世嫉俗：她感觉自己所遇到的问题都是因为上天不公平，而眼下处处委屈自己却依然处处不顺的处境，完全是因为自己生在了错误的家庭，认识了错误的人，去了错误的公司。

“如果我的爸妈是富一代，如果我的男友是富二代，如果我的公司是上市公司，如果我的上司大度而明智，那么，我的生活根本不会像现在这样糟糕！”她常常这样想。

心理学大师荣格曾问，你究竟愿意做一个好人，还是一个完整的人？小佳的错误就在于，她只想成为一个好人，从而在“好人”的片面认知中让自己受困；事实上，做一个“完整的人”才是人生快乐的基础。

承认与接纳不完美的自己，拥有完整的人生，是情商发展过程中的“基石”。每一个人都是矛盾的统一体，是各种消极与积极的特质彼此调和的结果，不管少了哪一方面，都算不上完美。更重要的是，乐观与悲观、勇敢与懦弱——这些特质潜藏在我们的内心，倘若刻意地压制某一种特质，它便会以我们意想不到的方式再次出现，而且，越是不敢面对自己的内心世界，越容易在恐惧的迷宫中迷失自我。

“阴影”这一词语最先被荣格引入了心理学中，并被用来指个人人格中受到刻意压抑的那部分。压抑的原因很可能是因为无知、恐惧、羞耻心，甚至是爱的缺乏。而荣格对“阴影”的定义也很简单：“阴影就是你所不愿意成为的那种人。”他相信，若我们承认与接纳自我人格中的“阴影”，便会对我们的个人精神生活产生巨大的影响——这与情商中的“自我接纳”完美契合：我们只有直面“阴影”，并使它们成为我们人格、生活的一部分，我们才有可能获得全面的解放。

你的阴影终将形成投影

心理学家肯恩·威尔伯在自己的著作《认知阴影》中这样描述“阴影”的作用：自我层面上的投影现象非常容易辨认，若我们仅仅是感觉到了某个人、某种事情的存在，那么，它们通常不会带有我们的投影。若我们被某个人、某件事情所影响——不管这影响是好的还是坏的、是快乐的还是愤怒的，那么，它们很可能就携带了我们的投影。这句话，很好地区别了“感觉”与“投影”的差别。

平日里，我们往往会不自觉地使用潜意识去影响他人，使他们表现出被我们所压抑的情感、特质，或者将那些容易表现出此类情感、特质的人吸引到我们的身边，这便是“投影”。

比如，你平日里努力地想要掩饰自己爱发火的本质，可是，你的身边很可能经常会出现这样的人；你生性自卑，总感觉周围的人与你一样，或者他们都看不起你。很大一部分人的自卑是因为与真实自我不相配的自傲导致的。

这完全是一种心理上的防御机制：我们因为自我受到了压抑，只得在周围的人身上去寻找这些特质，更重要的是，这些特质还会反过来影响我们：在愤怒者的刺激下，你很可能越来越多地表现出情绪失控；在骄傲的人面前，你越来越多地感觉到自卑。

但是，如果我们承认与接纳了自己心中存在的消极特质，那么，他人表现出来的这种特质便不会对我们产生影响。所以，接纳那些被自己拼命隐藏的真实自我，我们才能避免阴暗面在人生中形成巨大的投影。

接纳自己的每一面

我们眼中他人的缺点，往往都是我们自己不敢承认的、内心中的缺点。想象一下：你之所以讨厌那个每日装扮得精致无比的女子，是不是因为你与她一样，拥有爱慕虚荣的一面？你看不惯整日在办公室中耀武扬威的小主管，多半是因为，你知道自己与他一样，也渴望拥有以权力操纵他人的时刻。

我们对他人品头论足，其实多半是在对自己进行真实的评价——如果不是这样，你不会那么在意他人的缺点。因此，当你再一次对他人作出负面的评价时，不如停下来想一想，这样的评价是否同样适合于自己？如果你对自己足够诚实的话，答案必然是肯定的。世界就如同一面镜子，你看到的世界，往往就是你真实的倒影。

更重要的是，我们不仅会将自己消极的特质投影到他人的身上，同时我们也会使用积极的特质去影响他人。当你承认与接纳了自己身上所具备的每一种特质后，你才能够拥有真正意义上的自我觉醒。若你刻意地避免表现出某一种特质，你的生活势必会受到局限。

你不愿意表现出懒惰，就无法彻底地放松下来；

你无法对他人表示出愤怒与不满，就会成为人群中的“受气包”；

你不愿意表现出自信的一面，他人可能就会认为你是一个怯懦自卑的人；

……

改变我们当下的人生，关键在于将放在他人身上的投射收回来，发现自己的特质，承认与接纳完整的自己。

接纳与拥抱你的光明和你的阴影，可以让你的生活出现彻底的改变，一切就如初时丑陋的毛毛虫破茧而出一般，你也将化身为美丽的蝴蝶。在不必掩饰、不需假装更不用努力证明自己时，你会拥有足够的自信，你也将有自由去追求自己想要的生活。

走出自卑感的困扰

人类文化发展至今，我们格外需要自信、自尊这样的词语来促进自我人性中积极进取的一面，以此获得勇气去面对并征服复杂的外部世界。但是，与自信、自尊相对应的是自卑，它使我们刻意地去否定或者贬低自己，而它往往会使我们失去更多。

徐磊从一个仅有50多人的山村考入了北京大学，并从那一刻起，决定在这个城市生根发芽，再也不回那个名叫“故乡”的穷乡僻壤，但是，出身贫寒的他却从来没有在这座城市真正地自信过，哪怕如今他已是一名知名大企业的正式员工。

他处处好强，时时都想要争胜。“不能让人家瞧不起！”这种意识在他的脑海中不时响起。但是，周围的同事虽然能力并不如他，却拥有较好的家境、良好的修养。虽然成年以后徐磊一直在努力，但有些东西注定从儿时开始就会影响一个人的一生。

一日，同事无意间说起自己出差时被人讹钱的遭遇，顺带说了一句：“农村人就是难缠！”徐磊的神经立即被触动了：他联想到平日里这位同事的严格与两人曾经有过的嫌隙，认定对方就是故意要说给他听。于是，两人在办公室大吵一架。

一句与当事人并无直接关联的话，却惹得徐磊如此愤怒——归根结底，都是由于徐磊本人自卑感太浓厚。在情商领域中，自卑从来不是恶魔，更不是不将其斩草除根人生就没有希望的。相反，自卑就如心理学家阿德勒所说的那样：自卑是人追求向善的动力，正是因为自卑，人才会想要超越现在的自己。

但与徐磊相同的人并不少，如何才能走出自卑感的困扰，这就需要我们去了解自卑、认知自卑。

想真实地了解自卑，我们需要先了解两个概念：自卑与自卑情结。

自卑与生俱来，不会消失也不可能彻底远离

与他人比较是我们与生俱来的能力，这种能力自儿时便已开始。当小朋友的玩具比你多时，当同学的成绩比你好时，当同事的收入比你高时，你会很清晰地意识到这种差距，同时，这种差距又会使你对自己当下的状况不满。我们之所以会对现状不满，是因为我们都是目标性的动物，我们需要不断地为自己找到新的目标——每当我们到达一个目标或一个地方后，我们首先要考虑的都是下一步要去哪里。从这一角度来说，自卑即我们对理想与现实之间差距的不满。

所以说，自卑其实是我们的天性，更是驱使着个人与整个人类一直前进的动力来源。若我们永远不会感觉到自卑，我们便永远不会有进步与改变的动力。虽然，对现状的不满会使我们难过、焦虑甚至感觉到嫉恨。但是，这些情绪的产生，无非都是让我们拥有更强烈的动力去达到更佳的状态。

一旦我们比他人优秀、比他人好时，我们便会产生优越感：这感觉是对我们努力的回报，同时也是一种令人上瘾的愉悦。而我们的一生也将在不断的优越感与自卑感之间切换，从而使自己变得越来越好。

自卑情结：利用不当的龟缩来保护自我形象

单纯从自卑的不可磨灭性来看，它是有存在必要的，但是，在某些情况下，自卑给我们带来的冲击却有可能被无限地放大。比如，看到邻居住的房子比你大、开的车比你好、收入比你高时，你会感觉到羞愧，并想要努力上进。但如果此时你的爱人跳出来，对你大加指责，说你不争气、没用、窝囊的话，那么，此时你感觉到的就不仅仅是羞愧，而是羞愧难当、委屈与不被理解的愤怒了。

这些情绪超出了你的承受范围，为了使自己不那么难过，你可能真的会相信自己是不争气又没用的窝囊废，从而放弃努力，或者愤怒地反抗，与你的妻子争吵，甚至会暗暗地诅咒那个各方面都比你优秀的邻居，或者全盘否认努力的价值，甚至将自己不成功的原因归结于父母没有钱、妻子没办法给予帮助这样的外因上。

这是一种不恰当的心理防御机制：一旦我们受到了过分的打击，我们便会进入龟缩的保护状态。我们忘记了成长与上进，唯一想要的，就是恢复那所剩无几的优越感。不幸的是，许多人的家庭与成长环境中，都有太多有意无意打压我们的人，他们以为自己是在帮助我们，其实，在经过了他们经年累月的折磨后，我们的龟缩状态逐渐成了习惯。因而，到了今日，当你看到自己在任何方面不如他人时，都会本能地使用逃避、辩解、否认甚至指责的方式来保护自己。

这么做，其实只是为了维护你的自我形象，但它并不能改变我们本该改掉的缺点，更无法说服他人你变得更好了。用不了多久，你就会发现，由于不敢面对真正的问题，你与他人的差距日渐增大，大到你已无力去改变——这便是自卑发展到自卑情结的可怕。

与自卑为友，方可远离自卑情结

自卑的个人处理，一般有这样两种方法：

自卑—努力—提升并获得优越感；

自卑—自我保护—弥补优越感—忽视目标与现状—产生更多自卑。

很显然，第一种方法会让我们与自卑更好相处，而第二种方法却会让我们产生自卑情结。陷入自卑情结，往往是因为对自卑的恐惧。想象一下：你正在做一件事情，却发现所有的迹象都在不断地提醒你，你的方法是不正确的。此时，如果你放弃之前的工作，从头再来，你会感觉自己是一个笨蛋。为了不感觉自己很傻,你会坚持按错误的方向进行,直到最终彻底地失败。

自卑就是人生路上的那些迹象,它们的意义并不在于否定你的人生、头脑或者存在的意义,而是提示你,是时候改变方法了。

失去了疼痛感,我们就会拖着受伤的肢体四处晃悠;失去了恐惧,我们便会傻乎乎地穿过飞驰的车流;忘记了疲惫,过劳死就有可能发生在我们身上;不知道自卑,我们便会将同样的错误再犯上无数次且永不悔改。学会与自卑做朋友,甚至不要介意这位朋友损伤一些你的优越感——虽然你可能会付出一些代价,但是它却可以告诉你很多重要的事情。

没有人可以做到百分百地自信,自卑与自信同为人生必要

印度一位寓言学家曾讲过这样一个故事:有一天,绝顶聪明的纳斯鲁丁跑来找自己,非常激动地说:"快来帮帮我!"

寓言学家问:"发生了什么事?"

纳斯鲁丁说:"我感觉糟糕透了,我突然变得不自信了,天啊!我该怎么办?"

寓言学家说:"你一直是很自信的人,发生了什么事让你如此不自信呢?"

纳斯鲁丁非常沮丧地说:"我发现每个人都像我一样好!"

正如故事中所说的那样,表面上看起来非常自信的人往往也非常的不自信,但是,当我们看到这样的人时,却总是将他们幻想成特别完美、什么都不缺的样子。然而事实上,自卑的同时却保持着积极、谦虚、实干精神的人才是自信的。没有人可以做到百分百地自信,任何人都有自卑被触发的时候,真正拥有高情商的自信者,会十分乐意承认自己的错误,接受失败,面对批评,然后思考怎样可以做得更好。这样的人才是自信到可怕的人，因为没有任何事情能够击垮他们的信心与改变的意志。

所以，若你想要在生活或是工作、情感的任何一个方面走出自卑情结，就必须在接受“自卑存在必要性”的同时，拥有这样的态度：“去他的优越感！”

管理好冲突，就管理好了人际关系

法国著名的存在主义哲学家萨特对人际关系有这样的认知：“他人即地狱。”这句话对人与人之间不可避免的矛盾冲突进行了形象的描述：若你无法正确地对待他人，那么，他人就是你的地狱；不管自己是否是与他人关系恶化的主要原因，你都要承受地狱之苦。

我们在人际交往中往往会自发性地对他人产生偏见，有时候甚至会引发不同目的的攻击行为，甚至引发双方的冲突，而这种冲突广泛地存在于人与人之间。在发生人际冲突时进行的沟通往往是非常挑战人性的，它所挑战的，是人的情商高低：自私、任性与无法掌控作为低情商的代表在冲突中往往体现得淋漓尽致。但与此同时，它也在修炼着人的能力，是否有足够的情商技巧，是否对自己有足够的认知与控制能力，决定了个人在人际冲突中的表现是好还是坏。

“我一听到‘人际关系’四个字就头痛！有时候，我的确会按捺不住发火，可是，事情明明就是对方的错嘛！”君范是某大公司的财务经理，他进入本行十几年的时间里，业务能力越来越强，但总感觉遇人不淑，总是有“小人”与他发生冲突：不是龌龊的上司，就是卑鄙的同事，偶尔还有讨厌的客户。

比如，那日早上，君范刚刚上班，电话铃就响了起来。为了抓紧时间，他一边接听电话，一边整理相关的工作。此时，有位李姓员工前来找他。对方看到君范正在忙着，便站在桌前等着。只见君范一个电话接一个电话，最后，终于等到君范的电话打完后，他却头也不抬地问这位李姓员工什么事，且一脸的严肃。

原来，对方是来询问工作报表中的一个问题要如何处理，君范听到他的问题不禁暗中生气：他提问的是财务工作中最常见的小问题，这种问题都处理不了，如何更好地工作。于是，君范没有理他，而是与同室的小张交代了几句。

此时，李姓员工已表现出不满，他愤怒地说道："如果您现在比较忙的话，完全可以告诉我！"还没有等君范回应，对方已经走出了办公室。次日，有关君范"架子大""不体贴下属"的流言便四处兴起。

熟人与熟人之间的人际冲突往往不是一日之功，它们很可能是多年宿怨。有些人选择了压抑，有些人选择了攻击，而有些人则选择了逃避。只是，这几种都不是解决问题的办法。冲突还未爆发，仅仅是因为燃点未到，虽然表面一切平静，可这样的冲突对人的心理能量又往往非常耗竭，不管是当下大吵一架，还是拍屁股走人，参与冲突之中的每一个人在心底都会有一个过不去的坎：我是对的，我不甘心。

相比于一直将问题隐藏在表面的平静下，冲突的出现其实也有其有益之处：如果将冲突看成是一种信号，它正在提醒我们需要重新考虑当前所采取的方法以及面对他人时所采用的态度；它可以提供一个机会，使彼此可以澄清自己的看法，并讨论双方在关系中所扮演的角色。

一般来说，冲突可以指出问题的症结，使我们有改变，帮助我们更清晰地认识自己，令彼此有情绪宣泄的管道。而且，人际冲突是人际关系中的普遍现象，一旦有人际冲突爆发的迹象，便要拿出“立即”与“尊重”的态度，处理当下的事情，以避免“积怨太深”或是“积非成是”，造成无法改变的痛苦回忆。

“潜伏—爆发—扩散—解决”，认识冲突发展的四大阶段

情商专家们将人际冲突分为了四个阶段，我们或许无法控制冲突的发生，却可以运用这四大阶段的特点，引导其向更有利人际关系的方面迈进。

潜伏期

当内心知觉有冲突发生，虽然尚未到爆发的那一刻，其实便已经进入了人际冲突的阶段。此阶段只要加强对潜伏期的监测，便可预知或控制冲突的方向与程度，令大家以理性、平和的态度解决冲突。此阶段的策略可使用温和、坚定与诚恳的态度，在谈话中，多使用“我”，少用“你”字开头。

爆发期

一旦冲突爆发，不管是口头还是肢体的冲突，都会给双方造成伤害。此时，无效地处理冲突，不如暂时不去处理，若可以设法控制愤怒的情绪，使自己冷静下来，那么，冲突或许也可以走向建设性的未来。

扩散期

一旦冲突爆发，责备、否认、阻断都会加剧冲突，此时，静观其变是一个不错的办法：也许双方都有悔意，或许后面还有余震，留一些时间与空间，让彼此有一个缓冲，日后对解决冲突也会有帮助。

解决期

此时的解决包括三种：双方都满意的双赢结果、“不解决的解决”，甚至结束一段令人伤痛的关系。不管是哪种解决，其实都代表了一段冲突的结束。

很显然，双方都满意的双赢结果在很多情况下是无法达成的，而关系的崩溃更会让双方关系彻底受损。此时，个人不管在冲突中占据了何种角色，在外人看来都是“一个巴掌拍不响”的状态，虽然这种“划分责任”的办法明显太过模糊，但很显然，在潜伏期便早些预防冲突是最好的办法。

在出现信号时，进行冲突预防

突然爆发的怒火、失望的表情，往往就是冲突爆发前的信号。若身体语言与讲话态度显示出对方的情绪正在向着负面发展，那么，最好的处理办法就是进行冲突预防。暂停引发冲突的事情，并说一些类似这样的话：“我并不是多心了，但我感觉我们的对话有些不对劲了，是不是跟我说了什么话有关？”

若你想要婉转一些表达，也可以这样说：“在这样的事件处理中，我们存在意见与分歧很正常，也许我们可以暂停几分钟，看看眼下的进展是否能够让我们满意。”

此外，你也可以建议：“为了确保我们并未脱离正确的轨道，你介不介意花上几分钟的时间，看看进程中有没有出现可能影响结果的错误或者问题？”

很多人在交流进行过程中任由不好的感觉滋长、恶化，他们要么是未曾察觉这些负面情绪，要么是选择置之不理，而这两种策略往往都是错误的。有些时候并不适合进行问题的讨论，比如，双方都比较累的时候、心情都不好的时候。在这种情况下，最好将问题推迟一下，或者使用可让对方积极回应的方式，来改善有可能出现的负面情绪爆发。

注意使用 PURRR 程序来控制冲突

PURRR 程序是情商领域中一种特别的控制冲突的办法，它可以帮助我们体会言外之意，特别是在敏感的环境、人际关系中，该程序更是必不可少。其具体实施方法如下：

①当你打算以某人的举动为基础做出判断时，不要急于下结论，先暂停片刻；

②确信你已经理解了对方的举止表达（字面上与关系上）的意思，特别是当其中包含了暗示时；

③简要地考虑一下，你用来形成这一判断的信息，若有必要的话，寻求更充足的相关信息；

④将另一种有可能的解释应用于你最先考虑过的那种可能，比如，这并不是针对个人的，只是对方疲劳或者疑惑产生的结果，重新解释刚刚发生过的情况；

⑤再次引导谈话，使其走向有利于自我目标的轨道。

这一程序使你得以仔细地了解局势，从而不至于贸然行动，因此也避免了一段关系陷入尴尬的境地之中。

通过有可能导致冲突的行为，看到真正的起因，这本身就是一种极高的情商技能，它使个人避开了对他人冒犯采取报复行为的人性本能，而将注意力集中在了挽救关系上。而另一方面，它也增加了冲突发生以后、双方还可以再次获得双赢或者问题解决的可能性。

学会积极地自我暗示

2010年，好莱坞电影《盗梦空间》的上映使人们体会到了穿越现实与梦境之间的神奇，而人们也开始热切地关注梦境中的世界。这部影片被称为“于潜意识结构内发生的科幻片”。所以，人们不得不承认，电影带给人们的强烈自我暗示，已远远超过了电影本身带给我们的震撼——这部电影使平凡的人们意识到，在潜意识的带动下，人往往可以完成平日里无法完成的一些事情。

然而，现实生活中许多人都处于迷惘状态下无法自拔，一味地认为自己是一个无法走向成功的人，甚至有些人被残酷的现实所击败，表现出对生活绝望的一面，进而陷入了黑暗之中。此时，他们所需要的就是一种潜意识的自我暗示力量。

1954 年以前，人们根本不会相信有人可以在四分钟之内跑完一英里（1.609 千米）的路程，因为在这之前从来没有人取得过这样的成绩，所以，很多人都认为，在四分钟内跑完一英里是一件不太可能的事情，而且，这是受限于人类体力而导致的直接结果。

然而，当时英国最出色的长跑运动员罗杰·班尼斯特却从不这样认为，他将“在四分钟之内跑完一英里”当成了自己的梦想，并反复地告诉自己：“我一定会突破这一极限！”在这样的暗示下，他不断地加强锻炼，使身体内的潜能量得到最大限度的发掘。为了鼓励自己，他还在日记中写下了这样的话：“这样的速度是人们的一个梦想与目标。人们总是习惯性地认为这是不可能的事情，但我将证明它不是一个幻想！”

在 1954 年 5 月的一天，班尼斯特于英国牛津突破了这一常规，使用三分五十九秒的时间跑完了一英里。他用自己的实际行动证实了世界上没有不可能。而在班尼斯特突破这一极限后的两个月，又有一名澳大利亚选手约翰·兰迪再次将罗杰·班尼斯特的极限打破，这一次，兰迪仅用了三分五十八秒的时间便跑完了一英里。之后，先后有十几名选手纷纷超越这一极限，一次次地证实了人类体力与速度的新高度。

德国著名心理分析学家亚伯拉罕·卡尔认为：“一个人在心理上进

行怎样的自我暗示，往往就会收获什么样的成功。”这充分地说明了自我暗示在一个人的人生道路上会产生重要的影响。班尼斯特与后来者的成功证明了一件事情：只要你内心是真的想要，并把握了自我优势，就一定能够实现你的梦想，到达成功的彼岸。

苏联心理学家普拉顿·诺夫认为，自我暗示永远不会来自外界，而是来自肌体内部的皮层过程对自己的心理施加影响的现象。这种皮层过程与大脑中的信号系统的刺激有直接的联系：自我暗示的重点在于，以“我”为中心，从潜意识中找到自我的超能力，为自己树立一个切实的目标。这个目标并不是为了取悦他人或者赢得一定的荣誉，而是顺应自我内心潜意识里的一种必然趋势。

值得一提的是，这种暗示并不是仅有积极的一面，同时还有消极的一面在其中。

从作用上来讲，自我暗示有积极与消极之分

孩子在上床睡觉以前，母亲嘱咐他：“玩了一天了，当心尿床。”果然，他的行为被母亲说中了。这是一种消极的心理暗示，从母亲的话语中，孩子接受了负面的暗示；早上起床时，对着镜子梳妆打扮一下，若看到自己的脸色很好，往往一整天都会心情舒畅，这便是一种积极的自我暗示。

很显然，积极的自我暗示是个人从心底认为自己是可以变得更好的自我暗示，这样的自我暗示可以不断地激发一个人的潜在能力，令其具有无限的力量去重塑自我。但是，消极的自我暗示便容易误导一个人的判断与想法，令其陷入消极心理之中，并产生消极的态度。在人生中，我们需要去重视、去塑造的，恰恰是积极的自我暗示。可以说，积极的自我暗示能够给人们带来好心情与强大的人生动力，有时候还可以激发自身无穷无尽的潜能力，使自我变得更加强大。

重视自我对话与自我鼓励

所有人的潜意识中都有一种强大的能力与力量，唯有充分地意识到它，并重视这种力量，才能够找到真实的自我，才能够完全以“我”为中心，在潜意识的带动下走向成功。

心理学家亚伯拉罕·卡尔认为：“一个人习惯在心理上进行什么样的自我暗示，往往就会收获什么样的成功。”这充分说明了自我暗示在一个人的人生道路上会产生怎样的影响。在情商领域中，暗示疗法是改变自我最优秀的方法，这一观点在心理学上早就得到认可。心理上的自我暗示会使个人在内心的号召下，令个人语言、动作以及各种意念等情境都发生变化，而且，它还可以将一个人完全改变。

在潜意识带你走向成功的道路上，个人一定要注重自我对话与鼓励：

“我一定可以做得和他一样好！”

“我是最棒的！”

“我肯定能够做好这件事！”

诸如此类的话是自我鼓励与暗示的一种力量，同时也是一个人走向成功的内在催化剂。

可以说，心理上的自我暗示是一个人改变自身且重塑自我的一种坚强的意志力，是每个成功人士必须经历的一个阶段，也是所有想要成功的人必须拥有的一种意志力法则。

进行自觉自我暗示的练习

每日早上起床以前、每天晚上上床准备睡觉的时候，闭上眼睛，活动你的嘴巴，借助一根有 20 个结的绳子来计算数量，并机械地让自己重复 20 次下列的句子：“每天，在每一个方面，我都会越来越好。”

不需要去考虑什么特别的事情，因为这个词“在各个方面”指代的是所有的事情。在进行这一暗示时，一定要自信而虔诚，并确信你将得到自己想要的一切。你越是充满信心，那么，你就能越快地获得自己想要的结果。

此外，不管是什么时候，当你的身体或头脑感觉不舒服时，郑重地告诉自己：你不会自觉地去加强它，而是会马上使它消失！然后，闭上眼睛，尽可能地使自己处于与他人隔离的状态。若是精力上的压力，便将手放在额头上；若是身体上的毛病，便将手放在疼痛的部位，张开嘴巴，非常快速地重复："它就要消失了，它就要消失了……"稍加练习以后，你身体上的不适将会在 20 ~ 25 秒以内有所缓解甚至消失。

自我暗示是个人潜意识中一种强大的力量，只有充分地意识到它，并重视这种力量，才能够实现自我生活以"我"为中心，并在潜意识的带动下走向成功。

驾驭生活中的负面情绪

你是否常常没有安全感，害怕自己不能成功，害怕自己不能让他人满意并喜欢？

你是否内心深处对生活充满了厌倦，感觉生活中没有什么能够引起自己的兴趣，对工作与学习感觉到缺乏耐心，十分在意他人的评价，甚至在他人面前将自己放低至尘埃里？

你是否充满了愤怒？对自己与他人的言行反感，对这个世界上的很多东西反感，喜欢批评他人、乐于责备自己，埋怨这个世界不公平、不公正，抱怨这个世界伤害了你？

不管你的性格是外向还是内向，你都无法避免害怕、烦恼、愤怒等负面情绪。正如气质是天生的，很多情绪情感也是与生俱来、不可消失的，而差别只在于，每一个人的情感发展不完全一样，体会到的情绪类型与强度也会各有差异。

小优精神抖擞地走入办公室，放下公文包，打算给自己来一杯“叫醒脑袋”的咖啡，好开始一天的工作。然而，当她走进休息室时，却发现里面已经被邋遢的同事们弄得一片狼藉——到处都是咖啡渣，洗手液的瓶子倒在洗手台上，地面上垃圾遍地，熬夜加班的同事吃过的盒饭盒子还摆在那里……

这种事情真是让人无法忍受！小优想起自己已经连续做了差不多一个多月的“义务清洁员”，却依然没有人想到要自觉地维护公共卫生，气不打一处来。她冲进办公室，准备对几位同事大吼一番——她的确需要发泄一下怒气。可是，随后小优又克制了自己：这几位同事刚到办公室，混乱并不是他们造成的，怎么能怪他们呢？

发泄是一种能量的传递，想要大发脾气是因为有怒火在胸中燃烧，若不释放出来，便会不断地累积，直到最后某个时机一股脑地爆发出来。发泄怒火其实就是负面情绪的一种，而这种单纯的发泄往往只能让我们得到某种畸形的快感：由于未找出怒火的源头，不能改善不如意的情况，导致怒气并不会消失，反而会进一步激化负面情绪。

心理学巨匠弗洛伊德用“水库”来比喻人类情绪的具体处理过程，在他看来，每一个人体内都仿佛有一座情绪水库，一旦负面情绪出现时，便会存放于情绪水库之中，若情绪水位累积到个人的情绪警戒线，那么，个人便会出现无法控制情绪、发怒、暴躁等情形。若情况一直恶化，情绪水库中的负面情绪持续增加，最终的结果便有可能是情绪水库崩溃，心理方面出现问题。

可以说，学会释放自己的情绪水库，驾驭生活中的负面情绪，是维持心理健康更是个人获得高情商的最大前提。

了解情绪变化规律，明确“不归点”与“释放点”

艾里姆夫妇长期从事情绪研究工作，在他们看来，想要改善负面情绪对人生的影响，首先要了解自己的情绪以及情绪变化的具体规律，以便更好地掌握、传达与控制自我情绪，这样才能实现情绪上的趋利避害。

这种了解其实建立在情绪的规律上：所有人的情绪都有特定的行进轨迹，有时需要几个小时，有时甚至是几天，一种情绪才能走完它的航程。在此期间，不管我们如何努力地去控制情绪，它都会沿着一个既定的轨迹与一个无法预知的时间表持续向前行进。若我们不懂得情绪的规律，我们便很容易陷入奇怪的处境中：不仅无法解决引发负面情绪的问题，反而使问题进一步封闭式化。

在一天中，我们或许能够让一些微小的烦恼安然度过，但是，一旦某种情绪积累到一定程度，它便必须要走完自己的情绪曲线，没有任何方法能够减轻它的强度，而这一强度阈便被称为是情绪上的“不归点”。

每一个人都有特定的情绪强度阈：有些人会在情绪压力到达一定程度后，生气长达两天，在两天之中，他会不断地针对生气的事情发怒；有些人则只会在两小时内生气。这种情绪强度阈决定了个人在负面情绪中的表现，它所反映的是个人对情绪表达的价值观，一旦情绪的强度达到了不归点时，情绪必须要沿着它的轨迹上升至顶峰，最后达到情绪“释放点”。

情绪周期完成后，理性才能回归

一旦情绪跨过不归点，我们便进入了可怕的非思维区即情绪区。在这一时期，情绪占据了我们所有的注意力，所有的思维与逻辑性都被抛至脑后。这一状态在现实生活中多被归为“不理智”的范围，就算是再理性的人，一旦进入情绪区，都会陷入“无理性”或“无逻辑”之中。此时，主宰一切的是情绪，而心平气和、解决问题是根本不可能的。

一旦情绪完成活动周期后，我们便又能够清晰地思考问题了。清晰思维区是敏锐洞察力的源泉，因为在这一时期，我们的理性、理解力最完善：切身体验了情绪的爆发而在平静后所获得的洞察力会使我们更能清晰地去看待事情。

这种经过了情绪爆发后的洞察力往往会使我们的生活发生深刻的改变，比如，许多夫妻由于琐事争吵、生气后，在经过了一次开诚布公的交谈后，会向对方坦陈自己的真实感受，而在得到了对方的真正接受后，他们之间往往会变得更亲密、更能相互理解。

在我们无法恰当地表达与处理情感的情况下，我们往往会闹情绪。有时候，如果同时还有别的事情要处理，我们的理智便会让自己隐忍不发，但我们的感觉依然强烈，因为负面情绪并未消失，只是我们有意识地将它们放在了一边，集中精力做那些需要做的事情。比如，在工作正繁忙时，虽然同事故意找碴，你心有不满，但为了完成工作，你也多半会隐忍下去。

在适当的时候，我们可以将它们从情绪临时贮藏库中提取出来，反复地掂量，看它们是否能够表达出来，并加以处理。当它们不值得表达出来时，如何去消除、减少负面情绪爆发的概率便成了我们需要考虑的首要问题。

情绪、思考与行为是相互交织、不断影响的互动体系。若想有效地驾驭情绪，一种是选择从思考出发，让自己尽量去压抑负面情绪；一种是从自己的行为出发，让自己在当下可以延缓负面情绪。

“6 秒钟走下情绪电梯”的练习，便是在负面情绪产生的那一刻，利用一些行动，来使行为反应的时间得到拖延的办法。虽然表面上看起来这一练习极为简单，但在情绪面临“不归点”的那一刻，6 秒钟的时间往往非常漫长。

从行为出发：我的 6 秒钟行动

你可以从自我情绪挑战中选择以下 6 秒钟行动。

• 避免恐慌与暴躁：慢慢深呼吸 3 次，帮助心跳放慢；

• 降低愤怒：喝一口冰水，让体温下降；

• 减轻紧张：喝一口温水，温暖胃部；

• 淡化焦虑：改变姿势或者站起来走走，有助于松弛肌肉；

• 避免忧郁：到温暖或者光线充足的地方去，促进乐观思维，增强好奇心；

• 笑：笑能够帮助你转移注意力。

个人“6 秒钟行动”并不一定非要参考上述原则，你需要立足于自身的特点、爱好与环境来细想一下：对你而言，什么是能够帮助你有效度过 6 秒钟的行动？

要知道，压抑情绪、处理情绪都会花费我们极大的精力。在努力压抑负面情绪后，个人很容易有痛苦、易激怒、疲劳或是不安的感觉。若我们将负面情绪在“情绪水库”中储存得过久，遇到细微的小事就有可能导致大发作，比如，它在争论、对话时，甚至在某件毫无关系的事情中冒出来。

情绪的本性就是要被释放与消耗的，不管我们是否愿意，它们都会悄无声息地出现在我们的生活中。避免负面情绪突然爆发的最好方法，就是经常性地正视与清理自己的负面情绪。而当你发现自己无法恰当地表达或处理情绪时，不要着急，更不要讨厌自己。给自己一点时间，让自己闹闹情绪，等它露出真相时，你自然会发现，自己已经发现它的固定规律，并为下一次避免情绪爆发做好了准备。

第三章 训练情商：开启改变命运的“导航仪”

当情商的比重开始占据成功的80%时，快速找到提升情商的具体办法，变得刻不容缓。幸运的是，心理学家为我们提供了相应的理论，给了我们恰当的建议，从这些建议与理论中积极学习，我们就能够真正地进入情商世界，并学会运用情商来赢得自己的发展契机。

让述情能力促进理解

在产生情绪以后，我们往往会使用两种常见的方式来处理情绪：

发脾气、指责或抱怨他人，这样做的确会释放情绪，却往往会伤害他人感情；

隐忍不发，这是中国传统文化所提倡的，但它对人的身心健康与长久的情感关系明显有害。

两种情绪处理方式都有问题，所以，如何处理当前的问题便成为考验情商高低的重点。对于高情商者而言，“述情”往往会让他们摆脱以上两种情绪处理方式所带来的危害，获得更好的处理结果。

娇娇是某地方政府的公务员，她所在的单位由于尽力争取，得到一片自建居住用地，这就意味着，所有的正式员工都有机会获得房子，而娇娇身为出色的员工，自然也在其列。

一日，她接到通知，单位决定给她一套一室一厅的房子。但她了解到，一起分房、与她工作年限相同的其他同事分到的都是两室一厅。领导给出的解释是，其他分到大房子的员工都是已婚，她是单身，所以才有此安排。

这让娇娇感觉有些不公平：她又不是自己乐意单身的，而且已经处于恋爱期，只是暂时还未踏入婚姻罢了。但分房却是有关一生的大事，房子可能就分这一次，日后也不可能再有机会给她调换成两室一厅。

抱着试试看的心情，她找到了主管领导，并将自己的理由娓娓道来："领导，一样的工作年限，别人分到的都是两室一厅，我分到的却是一室一厅，我感觉委屈。毕竟又不是我想当老姑娘的，而且照我的情况来看，这一两年结婚的可能性很大，我希望您能理解我一下。"

令她意外的是，在她的叙述下，领导竟然答应了她的请求。

很明显，娇娇具有很强的述情能力——这种述情能力也恰恰是高情商者的典型特征。在遇到此类事情时，一般低情商者往往会指责领导不公平。一个"不公平"，一个"很委屈"，前者是在指责领导办事不公正，而后者却是在表达自己的感受，这也恰恰是高情商者最常用的叙事方法：他们只是陈述自己的感受，而不是在指责他人。

想要利用述情来改善人际关系，进而实现自我人生的改变，我们就必须要懂得述情能力的来源与培养方法。

述情能力多半由父母培养而成

述情能力往往是在学习说话的过程中习得的：一个父母常常在孩子小时候对其述情、共情、很照顾孩子的感受，其述情能力往往会很高，反之便会很低。

一个小男孩在商场中不小心与父母走散，这让他害怕、伤心，在惊慌失措地寻找父母的同时，他甚至有可能放声大哭。这一年龄段的孩子，很可能并不懂什么是害怕与伤心，但是一旦父母找到他，关心地问道："你是不是很害怕？""你很伤心对吗？"他便会明白，自己刚刚的情绪是怎样的。慢慢地，他会理解自己的感受，长大后，其述情能力便会更高。

反之，若成长过程中，父母不关心孩子的内心感受，而是在孩子犯错后只是一味地批评、指责，那么，他便会有意识地压抑自己真实的感受，这会让他形成一定程度的述情障碍。长大后，这样的孩子往往也很容易在情感关系中遇到问题。

表达你的个人感受

在传统文化的熏染下，我们习惯性地将不满、生气、愤怒等负面情绪进行掩饰与克制，以避免伤及人际关系。但事实上，良好的人际关系并非靠克制与掩饰来维系的，真诚相处的人并不需要隐藏自己的愤怒与不满，而及时的述说，往往会令负面情绪得到释放的同时，令双方增进理解的机会。

在表达个人感受时，你需要学会以陈述自我感受为重点的有效叙述：

“当……的时候（引起情绪的具体时间或言行），我觉得……（你的感受）因为……（引发你情绪的理由）”比如：“当你告诉我你不愿意接手这项文案时，我感觉很失望，因为按你的职责来说，这是一件你分内的小工作。”

这样的表达意义在于，它可以让对方理解你的心情或感受，又可避免刺激或引发对方的心理防御，这与“都是因为你……你……”这类以责怪为主要内容的表达有着极大的区别，因为责怪只会让对方也产生愤怒与不满情绪，从而对人际关系产生更大的破坏作用。

用真实与客观来进行述情

述情并不是一味地表现自己的感受即可，而是要保持客观与理性、真实的态度来进行。一个人在述情时越客观，与他人产生误解、与社会形成矛盾的概率便会越低。

述情的基础在于，个人能够时刻觉察自己的情绪，当情绪来临时，可以感受到自己的情绪变化，并在情绪变化时，学会保持客观。保持客观，就可以清楚地知道客观事实与主观想象之间的区别，就能够避免用自己的主观想象将客观事实过分渲染。

保持客观的方法其实也很简单：当你尝试对一件事情进行描述的时候，不如问一下自己：我说的是事实吗？

比如，回想一下，上一次与亲密的朋友见面、聊天距离现在有多长时间了？

以“天”为单位来形容，比如三天，这是一个事实；以“小时”为单位来形容，比如四小时，这是一个事实。

但是，一旦使用含糊的词语，比如“很久”就不够客观、容易引发分歧了。所以，在述情时，你应该尽量使用准确的词，而不是使用“总是、很久、习惯”一类的带有含糊意义的词，这样才不容易引发对方的反驳，因为你说的本身就是客观的事实。

述情能力的提升并非一朝一夕之事：若你在儿时缺乏述情能力的教育，那么，在成年后，你往往会需要更长的时间去锻炼自己的这种能力。一旦你习惯了使用述情能力后，由于情商能力的提升，你的生活也将会出现质的提升。

消除情绪按钮，间接改变性格

既然情绪是一种与生俱来的心理波动，那么，我们自然会根据情绪的具体提示去行动。但是，情绪有时候也会出现问题，给人们制造麻烦。此时，人们需要做的就不是遵循内心的指引——在情绪波动的情况下，继续遵循情绪的指引只会让你变成情绪的奴隶，而改变自我情绪的反应模式，才是正确的做法。

就如同人们在开车时要看交通指示灯一样，我们必须要根据灯的提示决定停或者行。可是，有一天当你发现四面路口一直都是红灯，那么，你需要做的，便不能是一直等待——或许，慢慢地开过去，然后打电话报修，请人来修理红绿灯才是最正确的做法。

明杰曾有一段时间因为工作需要到美国出差。刚到美国时，他去店里买东西，店里的店员竟然听不懂他在说什么。这让明杰觉得愤怒：这简直是奇耻大辱！他是不是在歧视我？

但是，明杰心里也很清楚，如果对方说的是别的问题，比如，他的身材，他就一点也不会紧张，因为他身材高大，他对此感觉非常安全。

这让明杰想起一件事情。一日，他与朋友小聚以后回到了家，他太太询问道："你们聚会的时候聊了什么？"

一向对太太温柔的他突然感觉有一股无名火从心底蹿了出来："关你什么事？"

随后，两人发生了争吵，他感觉太太打听得太多，给自己的空间太少；而太太则感觉他莫名其妙，自己明明是关心他，反而被无端训斥，心中自然委屈。

其实，明杰之所以会突然发火，是因为他与朋友的聚会并不愉快：朋友谈起了大学时期的一件事，而这件事情恰恰是明杰最丢脸、最不想让人知道的事情。

其实，两件事情都是因为明杰的情绪按钮被人触碰到了：情绪按钮是个人内心的某个防御机制，它就如同人身上的情绪电源的开关一般，一旦被触碰到，便会立即有相应的感受被唤醒，人们便会体验到相应的情绪。一旦他人触碰到那一按钮，就是启动了防御机制，而在防御机制下，个人会调动起内心的反抗、挑战、自责、抱怨或者愤怒，严重时则会出现失控情况。而这种情况也说明，所有在他人看起来仿佛是“无名之火”的愤怒，其实多数都是事出有因的。

情绪按钮多与成长经历相关

情绪按钮并非与生俱来，而是在个人成长过程中，与过往经历相关，特别是儿时的经历。当我们还是孩子的时候，心理还很脆弱，经历一些大事件便有可能留下强烈的情绪体验。在发生了一些能够对大脑中枢神经系统产生刺激的事件以后，潜意识牢牢地记住了这些事件的场景与当时的感受，成年以后，一旦遇到类似的场景，大脑铃声立即唤醒当时的情绪来提示自己，从而起到防御与保护的作用。

比如，有些人儿时被狗咬伤过，便会在大脑中形成对狗的恐惧，这种恐惧情绪会让他在很长一段时间看到狗就躲得远远的，从而有效地保护自己。在这期间，他会形成一定的情绪按钮：看到狗就联想到被狗咬的经历，就会害怕，于是想要躲开。

长大后，虽然个人已经有能力保护自己了，但儿时对狗的恐惧并不会完全消失，虽然有些人会表现得克制，但有些人在看到了狗以后，还是会因为恐惧而立即躲开。但事实上，需要保护的只是当年幼小的自己，而不是成年以后的自己——“一朝被蛇咬，十年怕井绳”所讲述的也是这一道理：因为被蛇咬伤而恐惧与蛇形态相近的井绳，其中的防御保护机制已经形成，类似的事情重复发生时，不会经过理性的思考与分析，而是本能地起了情绪。

情绪按钮一旦形成，便会类似于本能

不同的人由于接受程度与处理能力上的差异，也会导致在经历同样的事情时，形成不同的情绪按钮。被蛇咬、被狗伤到，这样的事情对某些人是一生的恐惧，但对某些人而言可能就是一时的恐惧而已。但是一旦形成固定的防御机制，在此后的成长过程中，此类情绪便不会经过大脑皮层加工而直接产生：它们已经变成了一种类似于本能的反应。

在这种类似本能的反应中，情绪开始形成“触动—情绪—行动”的反应原理。它们产生的速度要比那些经过大脑加工而产生的情绪快得多，这样可以有效地保护自己，使自己在第一时间作出反应。

不同的经历可能会导致不同的情绪按钮，比如，有些人害怕吵架，有些人怕受委屈，有些人怕被拒绝，有些人害怕被否定。可以说，儿时受到伤害越多的人，情绪按钮也就越多，这样的人在以后的生活中，特别是情感关系中，情绪便会越多，进而影响到个人人际交往能力的稳定与人格魅力的发挥。

一个人若想使自己的情绪保持平衡，管理好情绪，成为一个成熟稳重的人，就需要穿越这些情绪按钮，摆脱它对自己、对人生的控制。

弱化情绪按钮，让自我得到成长

情绪按钮一旦被触发，大脑潜意识便会认为，曾经给自己带来危险的场景又一次出现了。情绪的出现是为了保护自己，而实际上，虽然类似的场景出现了，但人们并没有受到伤害的话，原来的记忆便会被一点点改写。在这一过程中，让自己不要逃避，直面情绪，便等于是在告诉潜意识：我已经看到了你的提示，你的任务已经完成，这种情绪可以消失了。

具体实施可以按以下方法来进行。

一旦觉察到情绪按钮被触动而产生了情绪，首先诚实地感受它，不要转移注意力，更不要逃避内心的痛苦：将你的注意力只放在情绪上，直到情绪慢慢地消退。

同时做深呼吸，将气吸到腹部，将胸腔下方的横膈膜下降，腹部鼓起，使肺部底端肺泡的废气能够与氧气充分地进行交换。

腹式深呼吸可以激活人体副交感神经系统，令被唤醒的潜意识开始恢复常态，使快速跳动的心脏慢慢平静下来，恢复到正常的心跳，使整个人的身心趋于平静。

腹式呼吸法，让你彻底放松的呼吸法

• 试着双脚张开至与肩部同宽，上半身挺直的同时，与大腿呈直角，想象你的脊椎正在逐渐地拉长，从头顶一直向上方延伸。

• 最开始时，由于个人可能无法知道动作是否规范，可先轻轻吸一口气，将双手分别放在胸前与腹部上，缓慢而深沉地、逐渐收起肚子，一边由嘴巴吐气，尽量将腹内的气彻底地吐干净。

• 接着，从鼻子缓缓地吸气，吸气的同时，将注意力放在腹部，使腹部随着空气吸入的节奏慢慢地扩张。

在具体行为上，在不伤害他人与自己的前提下挑战自己，做一些从前做不到的事情。

挑战自己，做一些从前自己不会做、不常做的事情，可以使内在记忆被更快地否定，从而更快地战胜负面情绪，减少情绪按钮触发概率。

比如，对于由于男朋友不接电话便拼命地接着打甚至疯狂地寻找男朋友的亲朋好友帮忙查岗的女孩，现在可以不再打男友的电话，而是深呼吸以后，去一些不常去的地方逛逛街，等男友主动来电话。

人总是需要做一些之前做不到、不会做的事情，才会真正地成长。在这个成长的过程中，还会伴随着一些伤痛。成长本身就是痛的，哪怕只是去锻炼身体，也只有真正地感觉到肌肉略有疼痛，才会逐渐地适应现在的运动强度，并且在运动量相同的情况下，不再产生酸痛感，人的力量才有可能会成长，而内心也是一样。唯有痛才能成长。

只有直面自我情绪，挑战自己的惯有情绪按钮，采取和以往情绪化方式不一样的理性方法去处理问题，才能够让自己的情绪管理做得越来越好，使自己整个人越来越温和。在情绪改变的情况下，性格也将间接改变。一旦性格改变，人的命运也会改变。

塑造自我，建立强大的自我意象

戴尔·卡耐基曾经说过："一切的成就、一切的财富，都始于一个意念，即自我意象。"简单来说，自我意象就是"我属于哪种人"的自我观念，它建立于我们对自身的认知与评价基础上。一般来说，个人的自我信念往往会依据于自我过去的成功或失败、他人对自身的反映、自己所处环境的比较意识，特别是童年的经验而不自觉地形成。根据这些与自身切实相关的经历，人们在心中得以形成"自我意象"。

仅就我们自身来说，一旦某种与自身相关的思想或信念进入了这幅"肖像"后，它便会变成"真实的"，我们极少会怀疑其可靠性，而是会根据它去活动，就如同它的确是真实的一般。在人生中，成功的自我意象往往会对个人人生起到奇妙的促进作用。自古以来，许多成功者都曾自觉或不自觉地运用了"心理意象"与"排练实践"来进行自我改善，从而获得成功。

法国拿破仑一世在成为王者、带兵横扫整个欧洲以前，便曾经在内心的想象中"演习"了多年的军事。法国著名作家摩尔根在《充分利用人生》一书中，便引用了拿破仑的例子："拿破仑在上学时所做的阅读笔记，在付印时竟然多达 400 页。在这些笔记中，他不仅仅是将自己想象成了一个司令，而且还真实地站在司令的角色上，画出了科西嘉岛的地图，并在进行了精确的数学计算后，列出了他有可能布防的多种情况。"

拿破仑在事业的每一个成就实现以前，他便在想象中预先地实现过了。

这真是一件奇妙的事情！难怪心理学家总是将“心理意象”视为“改变个人人生的魔术”。耶鲁大学心理学家威廉·爱德华对此就持认可态度：“生活中的成功并不是在和他人比较的过程中获得的，而是取决于我们所做的与我们能够做的相比之下的结果。一个成功者总是处于与自己的比赛中，他们不断地对自我记录进行创造，不断地改善自我、提高自我。”而对于那些本身就拥有高情商的人而言，他们自然不会放弃这种难以抗拒的魔力。

认知自我意象的神奇之处

自我意象是一个神奇的存在：个人的情感、举止、行为甚至是能力，永远与自我意象相一致。它是对人的个性与行为进行决定的关键所在。你希望自己成为什么样的人，你就会按照那种人的习惯行事。所以，一旦你将自己想象成了“失败者”，你便会不断使结果趋向于失败。也许你拥有良好的愿望、极佳的机遇、顽强的意志力，但这些在失败的自我意象中，所起到的作用都是负面的。

改变自我意象便可以使自己的个性与行为得到改变，但这并不是全部，自我意象还能决定个人成就的最大界限，它将会决定你能够做什么、不能够做什么。如果你可以将自我意象进行扩展的话，你便可以使自己的“潜在领域”得到扩展。对自我意象进行适当的发展可以使个人拥有新的才华与能量，并最终使个人走向成功。现实生活中，许多成功人物之所以成功，主要是由于他们总是按照成功目标来进行问题的积极思考。他们总是根据特定的条件来对自己的目标进行设计，从而使思维与目标达成一致。对目标进行积极的协调，树立起强大的自我意象，将会使我们的梦想与现实接轨，而那些消极无为的自我意象则会使梦想归于破灭。

想要真正地拥有美好生活，便需要让自己学着拥有一个建立于现实基础上的自我意象，并一直朝着这一目标不断前进。学着接受自我、信任自我，一旦自我激励的过程开始，自我塑造的过程也会随之开始。以下方法可以帮助我们建立起强大的自我意象，塑造出那个自己一直梦寐以求的自我。

从现在开始，帮助自己绘制准确的自我肖像

目前的自我意象是根据想象中过往的自我而形成的，而过往的自我意象又是对过往人生经验作出的解释与评价。

过去，你可能使用过某种方法尝试着绘制出自我肖像，而结果却不太准确。此时，你可以利用这样的方法来绘制出一幅非常准确的自我肖像。每天腾出半小时的时间让自己独处，在排除干扰的情况下，尽量放松，让自己感觉到舒适。然后，闭上眼睛，开始锻炼自己的想象力——不管是想象成功的快乐，还是克服困难、战胜恐惧，你都可以在脑海中进行肆意的想象。

一位对拔牙有天生恐惧的病人曾经用这种办法克服了对拔牙的恐惧。一开始，她并没有成功，后来，她开始想象所有与拔牙相关的细节——诊所中到处弥漫着消毒水的味道，病人的躺椅扶手上皮革已经有些粗糙，医生温柔的话语、将手伸到自己嘴边时，露出那副修剪得非常整齐的指甲等。慢慢地，她真的不再害怕拔牙这个小手术了。

在这项练习中，想象环境中的各个细节是至关重要的：由于你必须要考虑实际的目的，你就必须要创造出一个实际的经验，若你想象得足够生动与详细，那么，仅就你的大脑神经系统而言，你的想象训练便相当于一次实地的体验。

要记住：在这半小时内，你就是你所想象的那个人，你正在经历你想象的那件事。而且，在想象中，你的一切行动都是成功的、理想的且是适当的。

坚持练习，你的神经自然会负起责任

昨日的行为到底表现如何，对你已无关紧要，你也不需要再去期望明日会有理想的行动，你的神经系统到时候自然会负起责任——若你坚持练习下去的话。想象能够让你按你期望的那样，行动、感受与存在。

若你一向畏惧于在众人面前表现自我，想象自己能够在大庭广众之下轻松而镇定地行动，并且因此而感觉到舒服、自在。

若你在某种情况下恐惧与焦虑，想象你轻松自如地行动、有信心且有勇气，并且因此而感觉到自信与开朗。

通过此类练习，你的大脑与神经中枢系统会建立起新的“记忆”，或者将这些持续的想象存储成“数据”，并建立起一个新的自我意象。在进行一段时间的练习以后，你会惊喜地发现，你的行为已经完全不同了：你已经多多少少在那些原本做起来很困难的事情上有了自动、自发性，甚至你已经产生了“毫不费力”的感觉。

这是一种必然。对此，心理学专家、情商领域出色的研究者哈利·爱默生·佛斯迪克博士有自己的看法：“将自己生动地想象成失败者，这并不能令你因此而畏惧失败，并鼓起勇气；生动地将自己想象成胜利者，却将给你带来无法估量的成功。伟大的人生是以你想象中的蓝图——你希望带来什么成就，做一个什么样的人——作为开端的。”

当你尝试着想象、不断地建立起强大的自我意象、越来越细致地描绘出自己的人生肖像时，你会发现，自己的确在一点点地向着更好、更强的自我发展、改变。

着手神经链，去改变需要改变的

低情商中的许多表现往往是拙劣的习惯，而这种习惯的养成往往如同纺纱：一开始时，它只是一条细细的纤维。但是，随着我们不断地重复相同的行为，原来那条纤维上不断地开始缠绕上一条又一条的纤维，最后，原来的细线终于变成了粗绳，将我们的行为与思想缠得死死的。此时，情绪往往已形成固化反应。

在现实生活中，当你出现沮丧、生气、压力大的感觉时，你所采用的是哪种方法来缓解自己的不安与焦虑？是与人争吵、逛街，谈心还是吃东西？

早上八点是上班的高峰期，这一天，蓝明开着自己的小车去上班，但因为车流量过大，眼看着就要迟到了。

后来，好不容易车龙向前移了移，但蓝明前面的司机就像是睡着了般没有移动丝毫。见状，蓝明拼命地按喇叭，可前面的司机似乎不为所动。此时，蓝明心中气极，双手紧紧地握住方向盘，仿佛是在掐着前面司机的脖子一般。恼怒的蓝明甚至想：下一秒你再不开车，我就冲上去把你揍一顿！

又过了一会儿，蓝明见前面的车子依然未动分毫，他再也无法控制自己的怒气。终于，他打开车门，下车冲上前去，猛敲那辆车的车门。见有人来找事，前面的司机也不甘示弱，下车冲向了蓝明。就这样，一场恶斗在大马路上展开。

结果，强壮的蓝明在这场争斗中获得了胜利：他成功地打碎了那个司机的鼻梁骨。但他的人生却因此陷入了低谷：对方控告他犯了故意伤害罪，等待他的将是法律的制裁。而且，蓝明也因为这次的事件将工作给弄丢了。这让他后悔不已：自己刚刚下定决心不再与人争执，谁知，才过了几天，便发生了这样的事情。

低情商者往往会对自己所经历的低情商行为有所觉察，并期望通过意志来改变个人行为。但是，改变并不能单凭意志，因为除非你拥有极强的动力，否则意志的效果是无法维持长久的。身体肥胖者多数会希望通过意志来减肥，但这样的减肥往往会以失败告终：在没有快乐的刺激下，吃不到想吃的食物所带来的痛苦，会让减肥者们的意志力变得脆弱，而这种脆弱的状态根本不可能实现个人行为与人生的改变。

如果我们想要改变自己的低情商行为，一个有效的办法就是，将自己的旧行为与痛苦进行联系，而将自己所期望获得的改变与快乐相连——这是一种心理学上的刺激法，我们乐于享受快乐而回避痛苦。

其实，人类的一切行为都是为了逃避痛苦、得到快乐。借着这样的力量，我们能够使自己的旧有行为得到改变，也可以帮助积极的新行为定型。在心理学上，心理专家们一向推崇“神经链调节术”来改变低情商行为。这种方法的本质即依赖于人们对快乐的追求、对痛苦的逃避来调整神经认知，从而使个人去追求自己所期望的人生。

了解“神经链调节术”的本质

“神经链调节术”提供的是一套特定的步骤，以求生活出现持久的改变。在运用此方法前，了解神经链形成的过程是必要的。在我们经历了重大的快乐或痛苦时，我们往往会寻找各种原因。不管原因是什么，由于个人主观上的判断，我们很可能会因此而产生错误的认知，从而错失解决问题的机会。

不过，在你正式使用该方法时，你需要具备两个信念：

你的问题是可以马上得到改变的；

你需要对自己负责。

这种“负责”可分为三个部分：

你需要确定“有些事必须要改变”——记住，是“必须”，而不是“应当”改变；

你需要相信“我必须推动改变”——只有你才能改变你的生活；

你需要相信“我有能力来改变”——若你不相信自己能做到，那么，你势必会失败。

四大步骤，改变你认为难以改变的

如果你渴望自己的情商得到提升，那么，参考以下四大步骤，将会给你带来积极的结果。

确定你想要的是什么，而阻碍你的又是什么

你要的越明确、越具体，你就越能在后续的改变过程中发挥力量，快速地达到目标。而且，你必须要知道，是什么阻碍你得到自己想要的。不消说，阻碍我们改变的原因，就是我们将改变与痛苦连在了一起，因此我们宁可不改变，因为我们对改变后的结果不知道而心怀恐惧。

在上述案例中，蓝明的习惯性暴怒之所以长期得不到改变，就是因为在看他来，改变了自己的性格，就意味着对他人“服软”，而这种“服软”在他的意识中是缺乏男子气概的表现。

找出改变的杠杆，在心理上产生迫切感

对情绪、习惯的所有改变，必然是改变了神经链中对痛苦与快乐的诠释的结果。值得一提的是，当我们达到了痛苦的临界点，且旧有行为带给我们的痛苦大于我们所能得到的快乐时，改变的行动就能发生，这就是改变的“临界点”。

这种“临界点”与杠杆原理相似：杠杆的一边是痛苦，一边是快乐，痛苦超过快乐时，改变便会发生。

促成改变最有力杠杆是发自于内，而非来自外在的痛苦。若我们的行为与设定的标准不一致，“内我”与“外我”之间便会形成差距与压力，而这种压力会有效地逼迫我们去改变。

因此，当你有改变的想法时，不如想象一下，一旦不去改变，痛苦将会有多大；改变了以后，快乐又会有多少。对于习惯性拖延的人来说，不去改变拖延的习惯，便有可能失去上司、公司的信任，甚至失去工作与资金来源；而改变了这种负面习惯，得到的发展机会便会越来越多，这本身就是一种痛苦与快乐的相互比较。

终止旧有行为模式

在最开始时，旧习惯、旧情绪之所以持久，是因为它们能够给我们带来短时间的快乐，但改变却会带来痛苦。这就如同有些人因为受伤而受到了他人的关注，为了继续引发关注，他就不愿意自己过早康复一般。此时，我们必须要加强“杠杆”的力量，为自己寻找到更大的压力来源，迫使自己去寻找改变行为。

另外找出一个新的且有益的行为模式

这一步是建立长久改变中最重要的一步：如果你想戒酒，那你就必须要想出新方法，来取代过去自己从酗酒中得到的快乐；若你实在想不出什么好办法，不如向那些成功戒酒的人学习，看看他们是怎么做的。

当这一新行为模式发生后，你就需要一而再，再而三地重复这一新行为，使它在我们的脑海中形成稳固的神经链，直到它可以带你摆脱痛苦、得到快乐为止。此时，它便能够在你的脑子中建立起新的神经渠道，令你的新行为形成“新的习惯”。

在此期间，强化与鼓励是必不可少的：若你是一个习惯性愤怒的人，每一次控制住怒火，就奖励自己一件喜欢的东西，这是正面强化；每一次发火，便惩罚自己当晚不能去看喜欢的连续剧，这是负面强化——两者都可以帮助新行为固化成自发性的行为。

“神经链调节术”可以用在负面情绪的改变、优秀习惯的养成上。当你发现新行为能够让你感觉到快乐、旧习惯令你不适时，你的改变便已成功。此时，你不如检查一下这种改变的结果：你所坚持的改变对你产生了什么样的影响？它是否促进了你的事业或人生？当你的答案是肯定时，改变便会进一步固化，形成新的习惯。

四下无人时，再做自己

中国心理学家龚浩然先生在 1985 年提出了一个有关成功的重要观点：“智力正常，个性成才。”只要智力正常，每一个人都有成才的可能性，关键在于，个人是否从小培养与发展了良好的个性。

这一观点同样受到了国外心理学家的认可，美国心理学家奥利弗·万德尔·赫尔姆斯认为，美国最出色的总统之一富兰克林·罗斯福“虽然智力水平中等，但是其性格却是上等的——他知道尊重他人与表现自我同样重要”。这种性格上的出色，其实就是情商上的出色：他们懂得在什么时候去张扬个性，更懂得在什么时候要坚守自我。

相比之下，现代人一味地追求个性上的特立独行，却忽视了自我与他人之间的平衡需要有效的努力才能够达成。

在某公司担任设计人员的李一是个个性张扬的女孩，她热爱无拘无束的生活，并将规则与条条框框视为死敌，在她看来，一切压制个性的表现都应该被歧视、被废除，这种对个性的追求在她的工作与生活中表现得非常明显。

穿着新潮自然不必说，李一连发型、整体造型在整个公司都算是别具一格的。部门主管提醒过她好几次，每一次，她都振振有词：“这就是真实的我！你不是说过，我们年轻人应该表现出真实的自己吗？”

如果她的张扬仅止于此，那么，李一的主管也不会太过于左右为难：李一太自我，完全不在乎别人的感受。有一次，主管让身为企划的李一制作广告宣传图的二次渲染，前期工作已经由其他同事做好了，而李一的任务只需要按要求进行色彩方面的细化即可。为了防止李一太过修改图片，主管还特意嘱咐了她。

谁知，一天后，到达主管手中的广告宣传图早已完全变样——这让负责此事的同事非常生气，部门主管也很尴尬。当主管问李一，为什么不按要求来修图时，李一的回答是：“如果他做得没有我出色，为什么我不能进行修改？”

虽然说设计人员需要创意，提倡个性，而李一的才华也的确让人欣赏，但很多同事已受不了她张扬到跋扈的个性。

如果非要我们比较的话，张扬个性肯定比压抑个性舒服。但是，如果张扬个性仅仅是一种任性，甚至是对自我缺陷的放纵、对他人自尊的藐视的话，那么，这种个性与自我表现对你的人生不会有任何的好处。

会出现这种情商不高的举动，关键就在于“活在人世，做我自己”的念头在作祟。想要训练自我情商，第一要务就是要修正这个初看合理、其实荒谬的想法——活在人世上，你不仅仅要做自己，也要做他人眼中的“自己”。

“做真实的自己”与“他人眼中的自己”有什么差别？其实，我们可以从心理学的角度来分析其不同。

精神分析学派创始人弗洛伊德一生都在研究个体差异，在他看来，一个人有三种不同的“自我”。

“本我”：最黑暗的原始本能

“本我”即人类最原始、最本能、最不加修饰的自我。这是一种生物本能，更是人类原始力量的来源。如果非要将其归类的话，它追求的是“快感自我”：一切以满足原始本能为起点，而不需要受到理性、道德、法律与各种社会习惯的约束。

疲惫了就睡觉，饿了就立即饕餮而食，看到了好东西就占为己有，不高兴时便随意发泄、大闹一通——“本我”透露的是人性面中不受约束的自私与贪婪面，它是人类最黑暗的性格。

“自我”：理智与欲望的妥协面

“自我”是人格的表层，它是被现实化了的本能。就如婴儿一般，在成长的过程中，孩子们会逐渐懂得，只有听话的乖孩子才会受到社会的宠爱，只有遵守交通规则才不会受到伤害。

“自我”依然是为了追求个人快乐而实现的，但是，因为考虑到了社会环境的需求，它得到的快乐被延续与减缓，但在这一过程中，个人理智的一面开始不断地和与生俱来的欲望做斗争。

“超我”：社会所期望的“我”

如果说“本我”追求的是“快感原则”，“自我”遵循的是“现实原则”，而“超我”所遵循的便是“道德原则”。在成长过程中，接受道德的熏陶，接受良心的评判，追求理想的生活，共同构成了我们的“超我”，而这一“超我”也恰恰是社会期望我们所表现出来的形象。

举例来说，“人无信不立”，“惟贤惟德，能服于人”，所有传统道德中留下来的古训，都是为了提醒我们，身为一个独立的社会个体，我们需要表现出怎样的“超我”。

所以，我们需要去相信这样的社会规则：助人为快乐之本，尊重他人他人才会尊重你，以礼相待才能换得礼尚往来，为人善良者做起事情来也会比较容易。这些人性的优点，就是“超我”组成的架构，更是情商中重要的准则。

但是，与原始的“本我”相斗争无疑是痛苦的，而去做他人期望中的“超我”又是如此艰难，此时，我们就需要利用“自我”去协调“本我”与“超我”之间的差距与困惑。

那些低情商的人，会不分时间地点地去展示“本我”；中等情商的人，会有一定选择地去展示“自我”，比如，对陌生人毕恭毕敬，对亲近的人随意发怒；而高情商的人却会更多地去展示“超我”——那个经过了道德、法律与社会习惯约束的，能够被认同的自我。

过多地想做自己，是因为你无法控制原始的“本我”——那个自私自利、粗糙而又冲动的自己，不仅会伤害他人，更会损及自己。

也许你会问：“那什么时候，我可以放心地去做自己？”

最好的建议就是：四下无人时，再去做自己。

只要眼前还有人——别管他是你的朋友、爱人、家人，还是你的上司、同事抑或是下属，请管好你的“本我”，哪怕你现在心情不佳、烦恼满腹，你最起码也要以“自我”现身，给予他人最起码的尊重，展示自我最基本的教养。

等到四下无人时，请再拿出“本我”之个性，你不需要再顾及形象，你可以肆意发泄。请记得，只要当下有人，你就不应该肆无忌惮地去追求个性地“做我自己”。

这种不时地放弃张扬个性，看似委屈自己，其实，是用你的情商来尊重他人，带来人生的新契机。

避免在他人的负面情绪风暴中受害

对于环境污染问题，我们早已耳熟能详，我们每一个人都在尽自己最大的努力去避免各种各样的污染：空气污染、噪声污染、光源污染。但是，生活中有一种污染却并没有引起人们的注意，这种污染便是情绪污染。

对于身为社会人的我们而言，不管你是职场强人还是普通上班族，你都有可能受到环境中负面情绪的影响——你随时都有可能因为周围人的不快乐而成为恶性情绪传染链条中的重要一员。负面情绪永远是人类生活中无法摆脱的一面，而且许多负面情绪往往是发生在我们身边的人身上。在这种情况下，若个人情商不高，负面情绪的传染往往会成为一种必然。

张部长在清早出门的时候，跟太太吵了一架，因此带着一些不悦的情绪到了公司。一看到副部长，就随口找了件事把副部长狠狠地教训了一番，副部长敢怒不敢言，心里很不是滋味。

副部长回到了自己的办公室，看到了自己的助理在为自己整理文件，于是不分青红皂白地教训了她一番：“这一大早的，干吗做这个啊！”这个助理是个女孩子，稀里糊涂地被批了一顿，但也难开反驳之口。

女助理回到了自己的办公区后，正巧男朋友打来了电话。女助理正好抓住了这个对象，把心中的怒气顺势向男朋友发泄了起来，把男友给骂了一顿：你一直都不疼我，对我不关心，不会照顾我……

她的男友本来心情很愉悦地给女朋友打个电话关心一下，却莫名其妙地被女朋友骂了一番，心里感觉压了一块石头，想扔无处扔掉，左右看了一下，无人，想发泄一下也找不到对象。此时，他往脚下一看正好有只猫咪蹲在那里，马上一脚飞过去：“你这笨猫，哪里不好蹲，蹲到我的脚下，欠踢。”

这便是现实生活中情绪传染的踢猫反应。心理学证明，人的不满情绪与糟糕的心情往往会随着等级的高低与个人能力的强势组成的社会关系链条进行依次的传递，从金字塔尖一直扩散到底层，而无处发泄的那个最小元素，则会成为这场情绪传染链条中的最终受害者。相对于强者而言，愤怒传递链条的最终承受者是受气最多的群体，多种渠道的怒气会进一步传递到他的面前来——除非之前有人有能力、有足够高的情商将此类负面情绪传染拦腰斩断。

人是百分百的情绪化动物，即使在平日的相处中某人表现得非常理性，这种理性也是相对而言，即仅仅是当他情绪正常时他才会有理性化的表现。而且，人在任何时候的决定都与情绪化有着直接的关联。在决定与做事的过程中，消极的负面情绪所产生的破坏作用非常明显。这便涉及了情商领域的另一个问题：我们要如何去面对他人的负面情绪？

其实，在欢乐的气氛中会感觉到快乐，在悲伤的气氛中会感觉到压抑。虽然从小到大，我们已经学会了很多转换自我情绪的方法，但是，在与那些负面情绪强烈或者突然爆发负面情绪的人打交道时，多数人还是很难做到完全不受影响，特别是当自己身边交往密切的人怀着强烈的消极情绪来到你身边时，那种后天开发、训练出来的，可以迅速察觉自我、稳定自我、转移自我情绪的行为都会变得困难起来，但是，只要你肯加以练习，我们便能够在负面情绪风暴中，将伤害降至最低。

理解：负面情绪如同生病一般无法避免

你或许也是“踢猫反应”在现实生活中传递的一个链条——想要阻止这个反应持续下去，你就必须要主动地从自己开始，不再指责与传染负面情绪，从而中止这一链条。其实，负面情绪就如同一种疾病一般，谁也不想生病，但负面情绪的到来往往与生病一样，多半是不受主体控制的。指责他人有负面情绪，就如同指责他人生病一样荒谬可笑。

不过，若你莫名其妙被他人伤害了，你当然会期望知道到底发生了什么。为了保护自己，你有可能会本能地去回击，但因此而引发的言语争执并不能改善双方的感受，也无法解决任何的问题，更谈不上修正对话时产生的误解。所以，你不仅没有保护好自己，还有可能伤害了他人。

其实，说起来，你很可能只是恰好出现在他人发泄负面能量的地点，而其言语、行为与你并无直接关系。可是，因为你们之间的关系，你却需要经常性、习惯性地去承担这类行为所产生的结果。

鉴于直接的回击会加深负面情绪对彼此的影响，你必须要学会换个方法。

若对方足够重要，你可以在保持正向的前提下去化解负面情绪

当一个身处负面情绪控制下的人与你对话时，你应该牢记：他是在说他自己的感受，而不是针对你的。即使那些带有攻击性的指责或者嘲讽都是具有针对性的，你也要让自己试着练习去想：他正在表达愤怒而已。

你可以理解他的状况，但是，每一个人都应该为自己的感受负责。因此，此时，请体会当下在自己体内的情绪，而不要受对方所说的话、所做的事的影响——说得形象一些，就是让那些带着负面情绪的语言落到地上，而不要伸手去接，更不要揣在自己的口袋中随身带着。

我们应该学会不去回应任何负面的东西，不去浪费时间争吵、反击甚至是解释，更不要试图去教育对方。若你在乎他，就让对方有机会去尽情地发泄，而在他发泄的这段时间里去观察自己的情绪。

这是一个有利于关系发展的决定，你要做的，只是默默地陪伴，试着让对方感受到你的爱心，你也可以说一些话，比如：“我能理解你的感受。”“我很难过你会那样想。”在说这些话时，你应该让自己既不卷入对方的情绪，又可以带给对方有力的支撑。

若对方只是想伤害你，请学会离开

有些人虽然负面情绪缠身，但是当你体谅他们时，他们会表现出感激，而且，他们会尽量不让局外人有“被拉下水”的感觉。但有些人却往往“一句话打倒一大片”，而你在平日里与这些人又不是太亲密，他们在此种情景下，又往往顺带贬低你、打击你。面对这种只想传染、扩大自我负面情绪的人，我们就要抱以警惕态度了。

这样的人在郁闷的时候，只想通过伤害他人来获得某种平衡，仿佛伤害了他人，他们自己就能够得到安慰一般，而这种伤害多数情况下还是心理与精神上的。这种人不仅自己的生活一团糟，同时还会尽可能地让你认为，你的生活迟早也会一团糟。他们甚至会在你的生活中发生值得高兴的事情时，有意无意地暗示你：不要高兴得太早，说不定你哪天就会和我一样倒霉了！

在这种情况下，你能够做到的，只有远离——不管你们的关系远近，当对方的负面情绪强烈到你根本无力抵抗时，那么，你首先要保护好自己，停止一切互动行为，而且要全身而退。在负面情绪全面爆发或者他只想以伤害你为目的时，任何的停留都是对自己的虐待，你此时所要做的，正是先保护自己不受负面情绪的传染。

以上方法可以让我们更好地应对他人的负面情绪，当我们选择了正确的方法来代替负面情绪时，这一过程也是在培养、巩固一个习惯，也恰恰是这个健康的习惯，使我们能够更快地走出心情低谷，进而感受到浑身充满了力量。

第二篇
心理学与智商

科学研究证明，与身高等身体特征不同的是，人的智商在成年以后还可以获得提高，当然这也是因人而异。智商包括了多种能力，只要你肯用心学习，任何知识都可以使你的智商获得提升。但是，心理学对于智商的提升作用更大：心理学本身就是研究思维与行为的学科，而一旦了解了智者的思维习惯、行为特征，并在实践中研习，我们的智商便可以得到相当幅度的提升。

第一章　知觉智商：头脑就是武器

在一个人的人生道路上，智商扮演了极为重要的角色，特别是当我们身处一个“应试决定人生轨迹”的国度中时，头脑是否灵敏更是决定了我们能否获得“优秀者”的称号。但是，你是否知道什么是决定一个人智商高低的关键因素？我们又该如何提升自己的智商，让头脑成为我们的武器呢？

什么决定了你的智力高低

很多对智商并不了解的人会误以为，智力的高低往往遗传自父母——这自然而然地使人们认为，如果一个人的父母智商出色，那么，他们的孩子也一定会聪明。但这是完全错误的看法：仅就智力而言，会影响智力高低的因素包括出生前后的生物因素、生物性质的环境因素（例如营养）以及社会因素（例如教育和经历）等多种因素。可以说，哪怕是生活在同一个家庭中的孩子，其智力发展、未来情况都是有着明显差异的。

美国政治科学家查尔斯·莫瑞曾经进行过一项有关智商的研究，而研究对象的智商数值都是通过了标准的军事资格测试得到的。

他研究了数个出生在经济状况属于中产阶级的家庭，这些家庭大多有两个孩子，有些甚至还是双胞胎。但是，这些处于同等环境、基因条件下的孩子，表现却有所不同。有些孩子明显比自己的同胞要智力高一些，而有些家庭的孩子在相同条件下，却表现出了两种较为明显的差别：一个孩子智力在 110 以上（高于平常），另一个孩子的智力却在 89 以下（低于平常）。

其实，查尔斯先生的研究在国内也常常可见：同一家庭中的孩子智力表现不同，就连成年后的个人发展情况也有明显的不同。这是否证明了基因遗传与家庭环境并不能影响个人的智力发展？

产生这种疑问是必然的。在流行美剧《生活大爆炸》中，谢尔顿·库珀是一位智商高达 187 的天才物理学家，但他的父母智力平庸，而其双胞胎的姐姐也仅仅是一个餐馆的普通服务生而已。

其实，像这种异于家庭成员的天才出生往往是一种偶然事件，一切就如谢尔顿的母亲所说的那样："他的大脑是上帝赐予的。"而现代科学已经证实，包括遗传因素、家庭环境因素在内的多种因素的确会影响人的智力高低。

人的遗传基因

可以说，遗传基因与智力之间的确存在着一定的相关度：遗传基因直接决定了一个人在智力发育与发展的上限。换句话来说，人在智力上的提升，只能够在遗传基因限定的幅度内有限度地提升。这也从侧面证实了一个事实：一对智力平庸的夫妇很难生出一个天才孩子，至少，这种概率会大大下降。

人的自然生长发育规律

得益于科学的发展，我们可以得知，人的自然生长发育有一定的规律，且这种规律在智力上体现得尤其明显。

一个人在 0 ~ 33 岁，智力发育一直处于上升状态中；

在 33 岁以后，个人智力会处于缓慢下降的状态中，一些人在 33 岁以后，会比年轻时更频繁地出现忘事的现象；

50岁左右，个人智力发育会处于快速下降的阶段中，很多中老年人就算之前智力出众，在到了这一年龄段以后，也难免会有健忘情况出现。

简单来说，这种智力上的发展规律其实与人体发育密切相关：人的前半生，不管是身体还是智力都会一直处于提升中，大脑中的智力化学物质分泌的数量往往呈现出逐年增加的趋势，而具体表现则是个人一年比一年更聪明。这也是为什么有些小孩在幼时智力平平，但长大后越来越聪明的原因。当然，在后半生，这种智力上的下降也是非常明显的。

人所处的外部环境因素

外部环境因素包括了饮食、健康状态的保持、教育等多种因素。现代脑科学研究证实，以思维为核心的智力活动，是大脑中生物、化学物质产生化学反应的结果。大脑细胞的思维活动以化学物质为基础，而这些化学物质的代表是核酸、蛋白质、乙酰胆碱等。虽然目前科学还未探明哪种智力是由大脑中的哪些具体化学物质所形成的，但“物质基础是智力高低的决定性因素”这一结论是确定的。而我们所处的外部环境，恰恰是这些物质基础的最大来源。

可以说，外部环境条件是个人智力得以正常发育与提升的重要保证条件：在智力发展阶段，获得充足而营养的饮食、良好的生活环境与医疗环境，在更好的老师、学校的教育下学习与成长，选择更出色的教育内容与教育体制（如出国留学甚至多国留学）等，所有的这些外部因素，都会保障智力一直处于正常甚至快速的发育中。

可以说，只有这些条件都足够好——至少在平均水平线左右，个人的智力才会得到正常的发展与发育，孩子的智力发育才能到接近本人基因限定的智力的极限高度。与此相反的是，饮食不佳、生活条件差、生病了也得不到及时的治疗、老师的教学方法不佳、教材不好（如内容枯燥、无味且多而杂）、教育环境不佳……只要其中某一个因素处于不佳状态，都会在一定程度上使孩子的智力发育受到影响，甚至导致智力出现大幅度的下降。

这也是为什么父母总是为孩子提供尽可能好的成长环境的重要原因。在现实生活中，我们能够明显地看到，那些家庭环境优越的孩子，总是比家境一般的孩子表现出智力更高、学习更好、见识更广的特征，而这些特征其实都是由外部环境所决定的。

人的生物节律因素

此处的生物节律，指的是人的智力节律与生理节律周期。每一个人都有不同的生物节律，这也使有些人可以长时间地处于某个智力方面的高潮期，也有些人长时间地处于某个智力方面的低潮期。

人体生物节律有一个极为明显的表现：智力生物钟。这一生物钟指向的是每一个人在一天中的记忆力表现，一天中有些时候记忆力出色，但有些时候则相对较差，这种规律可以分为三类：昼型、夜型、中间型。

三类智力生物钟，你属于哪一种

• 昼型：表现为凌晨与清晨体力充沛、精神焕发，记忆力与理解力最出色。数学家陈景润、作家姚雪垠皆习惯在凌晨两三点时投入工作，而他们在此时的效率都很高。

• 夜型：一到夜间脑部细胞便特别兴奋，精力也会高度集中。法国作家福楼拜习惯彻夜写作，久而久之，他书房中彻夜不熄的灯光竟然变成了塞纳河上船工的航标灯了。

• 中间型：介乎昼型与夜型两者之间，清晨与上午学习工作效率最佳，如诗人艾青，在这两个时段往往会文思泉涌。

可以说，人在哪个方面处于智力高潮期，人在哪个方面的智力化学物质分泌得更多，人在哪一方面的思维便会更加活跃，人也会在那一方面表现得更加聪明。

对智力形成短期影响的因素

此类短期因素包括了休息、睡眠、活动锻炼等，这些其实都是保障智力处于正常状态的实时条件。平日里，我们常常可以看到，熬夜、未得到充分睡眠的人，由于未能休息好，智力也往往会降低到不能正常工作甚至无法正常思考的低水平上。

值得一提的是，智力也有短时表现。

精神饱满、思维活跃、注意力集中，是智力处于最高程度的短时表现；精神疲倦、思维呆滞、注意力不集中，是智力处于最低状态的短时表现。

一旦出现了智力处于低状态下的表现，个人便需要及时休息，使大脑得到充分的睡眠滋养，从而恢复智力水平。

上述几种能够影响智力发展的因素之间存在着明显的额度关系：

遗传因素决定智力程度的 50%；

生物节律决定智力程度的 40%；

环境刺激因素决定智力程度的 10%。

而只对智力形成短期影响的因素由于时效低，则不被纳入其中。不过，上述额度只有在饮食、医疗、空气、水质等外界环境质量较好，至少不影响智力发育的条件下，才会形成比例关系。

智力能否提升，由是否动脑决定

通过一系列标准的测试，各人在其年龄段的智力发展水平往往会成为一种衡量的准则，而智商测试自从在 20 世纪出现以后，始终笼罩着神秘而权威的光环：只需要通过一次考试，便可以将人划分为三六九等，上重点学校、找好工作、晋升职位、生养孩子……几乎都由智商高低来决定。可以说，它改变了人们的生活轨迹，甚至左右了部分人的人生认知。

但现实生活中，却存在着原本高智商的人并没有获得出色发展的真实例子。

维纳是近代“控制论”的奠基人，同时也是一名出色的数学家，他在自传中提到，在幼年时代，与他同时被称为“神童”的还有其他三四个同学，但是，因为家庭成长环境不佳、个人不勤奋上进以及其他多种原因，长大以后，这些人反而都无所作为。相反，在他的同学中，有些人幼年时期表现普通，但因为后来的勤奋与环境的熏陶，最终成了科技史上的伟人。

科学家身边的例子其实也真实地发生在我们的身边，这种现实不得不让我们重新审视那些对于智商的传统看法：曾经我们误以为智商是一个固定的数据，很难改变，但事实上，心理学家却发现，环境与经历对智力有着极为显著的影响。

虽然基因的作用依然十分重要，但在环境与经历的影响下，基因已不再是唯一的决定性因素。美国心理学家纳尔·什维尔对双胞胎智力发展的研究便是最佳的例子：基因相同的双胞胎会在成长过程中表现出完全不同的智力水平。智商的 50% 取决于先天基因，而剩余的 50% 则取决于后天习得。如果没有父亲长期的鼓励与逼迫，就算是天资聪颖如莫扎特，也不可能写出那么多项级的作品。

简而言之，智商的高低虽然会由先天决定一部分，但其发展却绝不可能被预先决定，而是可以在任何年龄获得发展。在得知了这一事实后，我们就需要找出一些方法，来使自己的智商有机会持续地获得提升。

智力可以分为“晶体智力”与“流体智力”，而后者是可以通过训练提升的。我们在本书中提到的智力并非是计算你的脑子中收集了多少的信息、学习到了多少的知识——这些内容被心理学家称为“晶体智力”。相反，我们提到的智力是指学习新知识的能力，它与“晶体智力”相对应，被称为“流体智力”。智力的提升是指流体智力的提高，通过学习，不仅使脑子里装的知识量（晶体智力）得到提升，更要通过提升大脑的容量，来增加自己的学习能力（流体智力），并在日后的学习中不断地反复。

这种反复会形成工作记忆：这是美国心理学家贾基·霍夫曼发现的影响智力的重要因素。在贾基看来，就如同发动机对于汽车一般，工作记忆运转的好与坏往往与智力的高低有着密切的相关。唯有工作记忆这台发动机最大化地发挥性能，大脑这部汽车才会跑得更快。

由此，心理学家为我们推断出了三条重要的结论：

学习能力（流体智力）是能够通过训练获得提升的；

你并不需要夸大智力提升的难度，至少，你不用担心自己要完成一整套庞大的训练计划才能达到提升智力的效果，其实，智力训练就如吃维生素片一样，吃多少补多少；你练习得越多，你提升得就越多；

不管你是普通上班族还是家庭主妇，只要训练得当，任何人都能够提升自己的智力。

提升流体智力，从以下方面着手做起

如果父母智力平庸，幸好我们还有 50% 的智力提升空间。心理学家们通过对全球范围内多达上万人的研究证实，以下方法能够有效地提升流体智力，加强工作记忆。

更频繁地驱动你的大脑细胞

多记忆、多学习，进行快速的阅读，进行英语单词的记忆，进行右脑开发……研究证实，大脑细胞得到了足够运动的人，其智力也会明显比一般人更高。不过，这种运动必须是你自愿的：享受你所找到的能够运动大脑细胞的方法，而不是强迫自己去运动大脑，会让你在更有幸福感的同时变得更聪明。

认识到意识的循环周期

人的意识在一天中并不是总保持时时警醒的状态：我们的意识在一天中呈现出时强时弱的状态，每九十分钟内，便有三十分钟的弱意识期。从现在开始，观察自己的思维方式，并认识到这种周期——如果你学会了认识并追踪自己的精神状态，那么，你就能够在自己的思维“最清醒”的时候，将精力放在最重要的思维活动上。

这里有一个有用的小技巧：处于意识最弱的状态下时，比如，因为工作太难太多而昏昏欲睡，思维与意识都在下降时，为了对一个问题有更具创造性的领悟，你可以尝试着从反向思考——它往往能够给你带来意想不到的结果。

信任你的大脑，并认识更多的人与事

你应该时刻相信自己的大脑：“我确信自己可以提升智力！”在抱有这种坚定信念的同时，让你身边充满各个领域，并能激发你、激励你的创造力，同时广泛地阅读来自各个领域的杂志、书籍，使不同的人、事、物、地点联系起来，你往往能够在流体智力获得全面提升的同时，为自己的问题寻找到答案。

改善你的做事技能或学习新的技能

一些看起来重复的脑力刺激其实对拓展自我能力与知识也有着积极的帮助。一般的行动，如读书、绘画、做字谜游戏都是有价值的，但是，在做这些事情时，你应该让自己尝试不同的技能：读一些不同领域的书，画一些不常画的风景或学习一种新的绘画技巧，做更难的字谜游戏——它们都能够将你的大脑推向新的高度，使它变得更健康。

更多地回忆与记忆

你可以找出一本旧相册或者高中甚至小学时期的同学录，我们的大脑是一部记忆机器，而机器总是需要运作才能够知道它的状态的，所以，给它更多工作的机会吧！花一点时间去回忆，让你的思维陷入自我反应中——想起一个同学的名字、想起一件童年时候的快乐事情，都会带给你积极的情绪，而这种与回忆相关的新联系有助于你当下的工作与挑战。

简而言之，智力能力无法被预先决定，它可以在任何年龄获得发展。我们应该记住：不管你处于哪一年龄段、你的工作是什么，你的大脑都需要持续的挑战才能够表现出它是在不断进步的；如果你不想让你的大脑如同垃圾场中的汽车一般锈迹斑斑，就让它忙起来吧——哪怕是背诵一篇诗歌或是做个简单的小数学题，都会有助于智力的提高。

说到这里，我们就不得不再次提起那个陈旧的顽固信念了——年龄大了，智力便会持续下降而没有上升的机会了。在 33 岁以后，智力的确会处于下降状态，但是，只要条件合适，神经细胞便会不断地更新——关键在于你是否对大脑进行了相关的练习。这也再次强调了我们的主题：只有多锻炼，才能提升你的智力。

建立联系：智商与学习能力共同左右人生

智商一般适用了（智力年龄／生理年龄）×100 的智商公式进行测算，一般人的智商在 90 ~ 110 之间，高于 110 的人智商相对较高，低于 90 的人智商相对较低。如今，想要知道自己的智商到底是多少已经很简单：专门的机构、专门的测试网站都可以让你得知自己的智商得分是多少。

有些人对一些历史名人进行了追溯性的智商测定，结果令人震惊，比如，歌德的智商高达 310，牛顿为 190，达 · 芬奇为 180，爱因斯坦为 160，林肯为 150。当然，这些历史名人本身就是科技英豪或是政界伟人，他们所从事的又是大事业，可以以智商取胜本身就是一件顺理成章的事。不过，我们普通人是否也可以如同这些大人物一般，通过智商赢得人生的胜利呢？

某种程度上来说，智商就如同是电脑硬件中的 CPU，一个智商高的人可以在短时间内处理很多复杂的事情，就如同奔腾、迅驰级的 CPU 可运转如 Windows 7 这样的大型软件，而 386、486 只能运转 DOS 之类的小型软件一样。

江华遇到的第一位高智商的人是他进入投行的引导人。这位名为阿德的男人是香港某著名投行总部的重要人物，在 20 岁那年，他已获得了牛津大学数学与物理学的双学位，在 23 岁时，他成了牛津一名物理学博士。阿德不仅通晓五国语言，而且对数字有着惊人的记忆力与敏感力——在拉斯维加斯赌牌时会记牌，因此上了赌场的黑名单，这种传奇式的事情就发生在他的身上。

在工作中，与阿德交流并不是一件容易的事，江华发现，阿德有出色的逻辑关联与思维能力。有时候，他会突然地说出一个令江华完全摸不到头脑的东西，并征求你的意见——而此时的江华只有在步步推断以后，才能知道他说的到底是什么。

阿德便是典型的高智商者，这种人在学校期间往往已经表现出了智力出色的一面：我们在学校学习期间，除了学习知识以外，往往会花费大量的时间在智商训练方面：我们学习数学来锻炼自己的数字计算、空间想象、逻辑推理等能力，用语言、历史、地理等锻炼词汇与记忆能力。可以说，高考就是对人们在学习期间一个智力能力的大盘点。

由于考试多为限时进行，因此，它对人们的短时间记忆、处理复杂信息的能力要求较高，所以，高智商的人在考试中往往会获得高成绩。因此，在学生时期，大部分人都有这样的感受：如果一个人有好记性的话，会让很多同学羡慕，因为大部分考试考查的内容需要牢牢记住。所以，对于考生而言，记忆力好往往就意味着分数高。但是，对于绝大多数人而言，高智商的用处到此为限——在现实的社会生活中，高智商的用途非常有限。

你的智商属于哪类智商

经过科学家统计发现，人的智商分布明确而极端：

- 智商在 130 分以上（天才）的，只占人口的 2.2%；
- 智商在 120 ~ 129（优秀）的，占人口的 6.7%；
- 智商在 110 ~ 119（中上）的，占人口的 16.1%；
- 智商在 90 ~ 109（中智）的，占人口的 50%；
- 智商在 80 ~ 89（中下）的，占人口的 16.1%；
- 智商在 70 ~ 79（临界智力）的，占人口的 6.7%；
- 智商在 70 以下（智力低下）的，占人口的 2.2%。

这项调查告诉我们，天才和傻子都是少数，绝大多数人的智商都在正常水平，也就是说，在够用的水平。

生活中，仅有极少数领域需要高智商

在常人眼中，从事科学研究是最需要高智商的，但是，这一领域对智商的要求并不会高到离谱。虽然从事科研工作并没有一个明确的智商要求底线，但是一些科研工作者的说法已明确说明这一点。

我国著名数学家张广厚在青少年时期的智力水平很一般，而在他看来："搞数学无须太聪明，中等天分就可以，主要是毅力和钻劲。"人类最出色的科学家之一达尔文也曾说过："我之所以能够在科研上获得成绩，最重要的是我对科学的热爱、对探索本身的坚持、对观察的喜好，再加上对事业的勤奋。"

由此可见，在现实生活中，哪怕你从事的是人类智力领域最有代表性的工作，你也不一定要有太高的智商。

成功建立于智力基础上，但决定因素却是知识能力

广义上来说，人的智力其实也属于个人能力的一种，而其中知识能力，是指在具备一定智力程度的基础上，通过学习、接受、掌握与运用知识，进而形成的解决问题的能力。

智力与知识能力之间存在着密切的关系：一个高智商的人可能在就学期间表现出色，但是，若他在进入社会以后，失去了主动学习知识的能力，那么，智商再高，往往也无法成功。而知识能力的提高虽然以智力为基础，但它通过后天的努力，却可以得到积极的提高。

人以一定的智力程度为基础，在智商所能够负荷的限度内，通过学习与积累知识，个人能力也会得到出色的提升。因此，现实生活中才会有那么多具有寻常智力程度的人，通过学习与积累知识，成为博学者甚至是专家学者。

需要注意的是，具有寻常智力程度的人，能够通过对知识的积极学习，成为专家学者；但是，那些有所发现、有所发明、有所创新的人，必然是那些本身就具有高智力且个人学习知识能力出色的人。

这种理论也被美国密歇根大学的心理学教授倪斯·勃特所认可。

倪斯教授通过研究证实，当个人的学习能力出色，且周围有高智商的同事作为榜样，再加上所处环境给予鼓励，通过努力学习，智商便能够提高 30 点，获得新发展机会的概率也会增加。

由此可见，高智商的用途虽然少，但是，我们也有必要重视起智商的提升：通过学习与有效的激励，使自我智商获得提升，个人成功的概率也会增加。

全脑思维决定了你的智商潜力

智商的高低其实是由大脑的容量所决定的，而大脑可分为左脑与右脑。这一事实使我们必须去重视这样的问题：如果我们想要提升智商，就必须要注意将左右脑结合起来。

你或许也曾经听说过，左右脑的分工不同，它们所从事的活动也是各不相同的。左脑主要从事学术、智能或商业性的活动，而右脑则相应地从事艺术、情感与创造性的活动。如果我们想要全面地提高自己的智商，我们就必须要充分地利用大脑的左右两侧——在历史上，无数伟大的创造性天才就是利用了相同的智能过程，即“全脑工作”，才使得他们变得出色的。

在学生时代，爱因斯坦并不是一个好学生，他讨厌学习，且热衷于做老师们眼中的“白日梦”。最终，他被当作一个“有破坏性影响的学生”被学校开除了。不过，此时他已经表现出了对物理与数学的兴趣，同时他还对米开朗琪罗的各类雕塑作品非常感兴趣，而且研究甚深。对艺术与学术的浓厚兴趣使他的想象力被大大激发。

此时，想象力成了他在青少年时代的一个游戏工具：他给自己发明了一项创造思维游戏，在这个游戏中，他先给自己提出一个问题，然后，任由自己的想象力驰骋。

在他最有名的创造思维游戏中，爱因斯坦想象着他在太阳的表面抓了一束太阳光，并以光速向着宇宙边缘飞去。在到达了旅程“尽头”时，他发现自己又回到了始发地——这从逻辑上是行不通的，因为沿着直线走，你根本不会回到原来的起点。

多次的重复想象后，爱因斯坦开始接近真理——如果你永远沿直线旅行却又不断地返回了点，只能证明两件事：你所谓的直线发生了某种程度上的弯曲，且存在一个边界。就这样，爱因斯坦提出了人类物理学上的最伟大的发现，即我们的宇宙是弯曲而有限的。

这个伟大的发现不仅仅是以数学与物理为基础的左脑思维的杰作，同时还是将想象力、语言、分析等右脑思维充分利用的结果——这是爱因斯坦左右脑之间完美对话与合作的结果，同时也是他“全脑”创造力的杰出表现。

与之类似，音乐才子贝多芬是一个超级“右脑型”天才，但其音乐却充分地体现了左脑思维的结果。美妙的音乐需要按严格的顺序书写，更要以数学作为基础形成自身的逻辑。因此，音乐也往往被描述为最纯粹的数学形式。

其实，过去六十多年间，有关大脑分工的研究成果层出不穷，而其中最出色的，莫过于美国加利福尼亚大学的心理学教授罗杰·斯佩里的研究成果。

斯佩里：不同大脑区域的活动不同

他针对大脑所进行的研究使他获得了 1981 年的诺贝尔奖。20 世纪五六十年代，斯佩里教授对脑波功能进行了长期的观察，为了研究不同的思维活动以及它们分别对脑波所产生的影响，斯佩里请志愿者完成了多项智能活动，比如，背诵、观看各种不同的东西、分析问题、单纯地想象等。

在这些研究中，斯佩里教授曾假设，不同的活动所产生的脑波是不同的。事实证明，他是正确的，而且，他的研究还发现，大脑将自身的活动区域非常清晰且平均地划分为了左脑与右脑——它从根本上改变了人们对大脑潜能与智商的认识。

在斯佩里教授的理论中，左右脑的主要分工如下表。

左脑主要功能	右脑主要功能
词汇	节奏
逻辑	空间知觉
数字	维度
次序	想象
线性	白日梦
分析	色彩
序列	

斯佩里教授还发现，左右脑的运作时间往往是不同的：当右部大脑皮层活跃时，左侧大脑皮层会处于相对安静的状态下；同样，当左侧大脑皮层活跃时，右侧大脑皮层也会相对放松。也就是说，从基本的心理、生理与潜能层面上来看，每一个人都拥有着巨大的智能提升空间——而且，我们每一个人都只利用了其中极小的一部分——这使我们在智商提升方面拥有了新的希望。

你知道自己的实际脑波能力吗

如果你渴望获得不同脑部区域的提升技巧的话，你可以先做一下下面的测试题，以发现自己在哪一区域的大脑皮层存在弱点。

①你是否认为自己根本不可能准确又迅速地计算出你的各类财产利率，或者计算出你的花占据房子面积的具体比例？

②你是否认为以下几件事情对你而言是根本不可能做到的：

创作乐曲与歌曲；

随着音乐翩翩起舞；

照着乐谱准确地唱歌；

仅通过一部作品的几个音符就可以分辨不同的作曲家。

③你是否认为自己根本不可能做到以下几件事情：

画出一幅形态逼真的肖像；

绘制出一幅与实景相似的风景画；

理解艺术史；

制作现实或抽象的雕塑；

把握好维度与透视的效果。

在心理学家将上述问题向一万人提出时，有 90% 的人坚信，他们天生在数字、艺术与音乐技能方面存在缺陷。现在你可以放松一下，因为有太多的人与你一样，都存在同样的智力问题。

但是，这种问题其实是可以得到改善的：心理学家针对这些问题进行了一系列的研究并证明，当人们在自认为较薄弱的领域中受到了良好的训练时，他们在这些领域中的能力便会突然变得强大起来，而这一点如同人身上的肌肉一般：肌肉之所以不发达，并不是因为它们本身就不能发达，而是因为它们未得到很好的锻炼。

重视全脑思维，才能获得智商全面提升

不管你是左脑型思维者还是右脑型思维者，我们只需要一个简单的问题，就可以令你意识到全脑思维的重要性：若我们只用一半的大脑技能，那么，大脑的工作效率会怎样？

乍一看，或许问题的答案是 50%。但如果真是这样，我们或许也可以在自己所擅长的领域中成为精英，擅长数学者可能真的成为数学专家，擅长绘画者可能会成为下一个毕加索。但事实上，这样的比例依然高估了大脑的工作效率。

试想一下，如果你要测量自己的跑步效率：第一次，你利用自己的整个身体跑，当然也包括了自己的四肢。同时，你还使用摄像机拍下了自己的跑步姿势，并对每一个姿势的效率进行了检测——很显然，这样的跑步效率会很高。

第二次，你只被允许使用腿部跑步——你的双手与“跑”这个动作无关，于是，它们被绑在了背后，在这种情况下，你的跑步效率会怎样？很明显，你会跑得非常慢，甚至会摔个嘴啃泥。

之所以会有这样的情况发生，完全是因为我们的身体是需要协同工作的。它以整体的方式展开活动，每多一个部分参与活动，都能使其他部分的活动效率增加。而我们的大脑也同样如此——若我们仅使用某一半的大脑皮层，那么，与整个大脑的潜能相比，我们所发挥的创造力几乎是微不足道的。而当我们使用全脑时，我们的创造力与智商便会彰显出来。

在得到了这样的结论以后，我们就可以更确信这样的事实：当智商成为决定人生与未来的一部分重要因素后，我们必须要重视起自己的整个头脑：全脑开发才是我们未来制胜的最好武器。

唤醒心智的力量

“研表究明，汉字序顺并不定一影阅响读。”

当你读完这句话以后，不如再返回去，好好地阅读一下它：在第二次仔细的阅读中，你会发现，这句话中的许多词语都是错误的——为什么我们忽视了错误，只看到自己想要看到的信息？

美国神经生理学家沃尔特·弗里曼在研究中发现，在这种常见的阅读错误中，由感觉刺激引发的神经活动在大脑皮层中消失了。这意味着，我们的大脑在从外界接受信息时，会将该信息中的大部分抛弃掉，只使用其中的一小部分来建立一个内心世界，并以此内心世界来代表外界的世界。

在这种情况下，我们就如同戴着一副他人看不到、自己意识不到的镜片看世界一样：镜片帮助我们过滤掉大部分信息，而我们通过自己的内心来对这一信息进行填充，就如同我们忽视句子中的错误，只看到正确的表达而已——简单来说，我们永远只会看到真实世界中，我们想要看到的那部分，我们看到的世界是我们自己构建的那部分世界。

但是，若我们只看到了世界的一部分，我们又是如何处理这一部分的呢？从下面的小故事中，你大约可以明白。

在一条狭窄的山路上，一个货车司机正在开车。他已经连续开了五个小时，此时他的大脑已经有些不听使唤了。就在此时，迎面开来了一辆车，车上的司机伸出头来，伸手指了一下，对着他大喊了一声："猪！"随后，两车擦身而过。

此时，这位司机的瞌睡一下子全醒了，他马上伸出头去，冲着那辆车的背影大声地骂道：你才是猪！你们全家都是猪！

发泄完了不满后，他得意地回头来看，天啊！前面不知道哪里来的一群猪！刹车不及的他一下子撞了上去。

在这件偶然性极强的事件中，对面的司机只是在告诉这位司机，前面有猪要注意，但是，固定思维的司机却以为这是一句侮辱。

若将人脑比喻成一台电脑的话，这个司机的脑子里运转的全部是自己内心的程序，所以，当他接收到“猪”这一信息时，这一程序迅速地构建出了一个“他正在骂我是猪”的世界。于是，他自以为聪明地迅速回骂——这让他失去了躲开危险的机会。

为什么会这样？或许这位司机有过被骂的经验，或许在他的认知中，“猪”多半常与骂人联系在一起。不管怎样，他在脑子里构建起了自己的世界。而我们与他并无差别：我们按照自己过往的经验与记忆，在我们的脑子里面构建了一个自己想要看到的世界模型。

心智模式其实就是我们的固定思维

你肯定有这样的体验：在看到一件事情后，马上会反应说“那一定是……”但事后才发现，其实自己的看法是错误的。这样的错误往往会让我们失去很多的机会，而这一切的原因恰恰是因为我们的大脑构造了一个错误的世界模型。

我们的大脑用一个固定程序来处理进入中枢神经的信息，然后，根据过往的经验与记忆来构建出一个我们假设的世界模型。我们再对这一假设世界做出相应的反应。简单来说，我们为自己创造了一个合乎想象的世界，并在这个想象的世界中生活——这就是我们大脑的工作原理。

很多情况下，我们可以利用这一方式来快速地处理复杂的问题，比如，围棋高手往往会根据过往的经验和棋路，来处理新的棋局。但有些时候，这一模式也会让我们犯下“司机撞猪”一样的错误。

其实，一切真实的事物都是心智模型，而你个人的心智模式不管多么荒谬或者可笑，对你而言，都是真实的世界。在心理学上，科学家将之称为每一个人不同的“思维方式”或者“思维定式”。这种思维方式的“镜片”再加上一套个人固定的“思维程序”，共同搭建内在世界的模型，从而形成了每一个人的心智模式。

你知道成熟的心智模式是怎样的吗

人的幸福本质上是一种往高处走、发展自我最优能力、获得与更高等的事物相关的知识的具体过程。如果人生只是往低处走，只发展自己与动物都具备的低等能力，那么，个人的人生就会大为不幸甚至是绝望。

在低等、固化、僵硬的心智模式中，人会变得悲惨而无力。而在一个心智模式成熟的人眼中，他们会伴随着学习能力的增强而更加强大——心智模式就是这样决定了我们的智力、我们眼中的世界与生活状态的。

既然我们已经了解了心智模式对人生有多么的重要，那么，我们自然也需要了解，到底怎样的心智模式才能算是成熟的。心理学家对上千位志愿者进行研究发现，当一个人表现出心智模式上的成熟时，他们往往会体现表格中的特征。

成熟心智模式的十大特征

①能够使用积极乐观的心态看待一切，凡事都往好处想；
②对未来有美好的预期，并愿意持续为之奋斗；
③善于找到与他人的结合点，以获得支持；
④凡事注重策略，而不是为了坚持真理而坚持；
⑤有自己相对稳定的原则，不超越底线；
⑥为自己负责，能够做一个自控的人，不会轻易地改变；
⑦能与人坦诚地沟通，争取被人理解并积极地理解他人；
⑧持续地改进自己，不断更新心智模式以追求人生意义；
⑨懂得包容他人；
⑩能换位思维，能在他人的声音中找到差异化的价值。

从现在做起，尝试着改善心智模式

由于心智模式隐而不见，且具有自我增强的特性，它往往会变得根深蒂固、难以改变。那么，如何才能改善我们的心智模式，使其向着更成熟的方向发展？

心理学家彼得·圣吉在研究过多年的心智模式后发现，改善心智模式的具体过程，从本质上就是将镜子转向自己的过程，在这一过程中，个人应试着看清楚自己的思维习惯与行为是如何形成的，并尝试着以“新的眼睛”来获得新的信息，并用新的方式对新信息进行解读、思考与决策。

从本质来看，改善心智模式是一个自省、学习、创新与变革的具体过程，它可以通过以下四个步骤来达成。

用开放的头脑觉察

觉察是自我改变的前提，只有产生自我觉察，才能够令隐藏于个人内心深处、隐而不见的规则、成见与假设“浮现”出来，才能够更主动地对心智模式进行改善与检验。在心理学家看来，这是一个“打开心门，开放头脑，进行自省”的过程。

用开放的心灵检验

新的资料是生成新的心智模式的必需原材料，在“心门”打开后，人们可以通过新的视角去获得新的资料，或者以新的视角去审视原有的资料。

用开放的心灵改善

在接纳了新资料以后，人们需要用新的逻辑或规则对其进行解读，以便验证新心智模式的适用范围与有效性。心理学家奥托·夏默将之称为“开放的心灵”，而且，由于思维本身具有连续性，这一过程与检验往往是同步发生的。

用开放的意志植入

心智模式并非仅存在于思维的表层，还隐藏在思维的背后，它是在潜意识状态或无意识状态下发挥作用的心理存在。所以，想要让新的心智模式发挥作用，就必须经由持续的练习，使其成为下意识的习惯，使一些价值观、规则与逻辑成为牢固的信念。在变成信念以后，才能够进入潜意识层面，发挥稳定、持久的作用。

值得一提的是，虽然心智模式的改善是摒弃思维固化、智商提升的重要方面，但达成这一目的的四个步骤并不能分开进行，这一具体过程也不是单向的，更不可能一蹴而就，而是困难甚至是复杂的——甚至当你认为自己已经在改变时，一些根深蒂固的习惯或观念依然在潜意识层面看着你。在这种情况下，长久地持续与坚持觉察、检验、改善、植入，才是进一步完善并形成新心智模式的唯一可行之道。

第二章　体现智商：优秀者的表现都一致

高智商者的生活被人们想象得复杂无比，好像他们一睁眼就是想象着如何去拯救全世界——但事实上，通过心理学家的系统化研究证实：那些高智商的人群所表现出来的特征都一样：他们热爱简洁，他们追求效率，他们懂得专一……通过一切可以省时省力的方法，他们节约出了时间与精力去提升自己的智力。

遵照自我价值观活好每一刻

我们从幼儿时期开始，便在接受不同的文化形态，每一个人都需要在漫长的成长过程中形成自己的价值观。这里所说的价值观，是一个正向的、有理性参与的、从生命的独立角度而言带有主动性的价值观。这是一种历练，更是一种拥有人生智慧与高智商的体现。放眼望去，社会越是缤纷越是会对生命的独立性产生诱惑与误导，唯有拥有足够的智商与智慧，才能够让自己在熙攘的人群中寻回自我独立人格与个人的小世界。

约翰是美国加州大学洛杉矶分校的篮球队主教练，他在任期之内，创造了美国大学篮球比赛史上一连串的奇迹，他带领自己所在大学的篮球队，创造了连续88场的赢球纪录，他是唯一一位以球员兼教练的身份进入美国篮球名人堂的。

在他的带领下，加州大学洛杉矶分校在27年的时间里，从来没输过一场球；连续12年，赢得了10次NCAA冠军，并包括7次连续冠军。从来没有哪个大学的篮球队在高手如云的高校篮球比赛中获得过这样的成绩。人们为约翰不断创造的新纪录而惊叹，并为此欢呼不已。

约翰的成功从来不是随便得来的，他直到卸任以后，还依然保留着自己在加州大学里长达27年的教练记录。这份记录中，记录着队员们每一场练习、每一分钟的状态。他从来不看重输赢，而是更看重过程：“对我来说，成功并不是如何去得分、超越他人，而是怎样去尽力做自己决定中的事情，从自我满足中，获得内心的平静。”

约翰说，自己之所以会成为全美最成功的大学篮球教练，得益于自己的父亲：在12岁那年，父亲给了他一份守则，而这份守则中的七项要点成为他日后人生中的主导价值观。

1. 对自己诚实；

2. 每天都是你的杰作；

3. 帮助别人；

4. 从好书中汲取营养；

5. 把友谊当成一种纯艺术；

6. 未雨绸缪；

7. 感恩。

这份守则对约翰日后的人生与事业产生了巨大的影响，直到后来他名噪篮坛时，依然在每日遵守践行。

不仅是约翰，每一个取得了巨大成就的人，都非常了解自我价值观。个人价值观之所以如此重要，关键在于，人生的方向多半受个人价值观的指引，它就如同一股无形的力量一般，每时每刻都在影响着我们做出怎样的决定、走向怎样的未来，而这种选择与走向最终也将成就我们的一生。因此，人生中真正的成功只有一种：那便是遵照自我人生价值观，走过每一时、每一刻。

建立独立的人格，确立自我人生与世界价值观，不仅仅是智慧的表现，更需要的是勇气。从孩童到成人，你肯定看过复杂的钩心斗角，也一定为窘迫而难堪过，一路走来，成长经历中每一刻的感触都会对你形成引导与诱惑：你的选择在哪里？是为了片刻的身体愉悦而出卖灵魂，还是为了苛求安逸而逃离纷争与压迫。我们需要权衡、需要思考，更需要学习以确立自己最终的角度与立场——在这个极其需要人生智慧的过程中，我们将从自我进一步靠近真实的世界。

可以说，那些真正能够如约翰一般找出自我个人价值观的人，往往都拥有出色的智商：他们在面对人生中的任何事情时，都会参考以下标准，对自我价值观进行整理。

他们从不忘记真正的生活是怎样的

在生活节奏日益加快的现代生活中，我们总是忘记停下脚步来对自我生活进行审视。研究发现，约有 93% 的人并不清楚自己的价值观是什么，他们就如同水上浮萍一般，糊里糊涂地度过了一生。

我们利用有限的生命去赚钱，却极少有人去为自己规划一个真正值得拥有的生命，可这样的人生很容易陷入“到头一场空”的窘境。而规避这种窘境的最好方法就是，先拷问自己。当你一个人静下来的时候，不如问问自己：“我整日忙碌，到底是在忙什么？”

真正的生活应该是在有限的时间里，尽可能多地享受乐趣，而不是尽可能少地去过生活。不忘记真正的生活是怎样的，你的人生才会与自我价值观更加相近。

他们懂得如何找出自我价值观

价值观的形成受到多方环境的影响，父母、孩子、朋友、老师、媒体……这些人都会对我们的价值观产生作用。如果你无法判断自我价值观，下面是几个能够为你提供帮助的问题：

在你最轻松的时刻里 ，你想做什么事情?

如果你的人生只有半年可活，你将怎样度过?

若你面临死亡，你最高兴自己已完成了哪件事? 在你过世后，你期望他人如何评价你?

在你感觉内心平和的时候，你正在做些什么?

你经常期望自己有一天会变成怎样的人? 你经常想象，总有一天，你会从事怎样的事业?

这一生中，有哪些事情会让你感觉痛苦不已?

上述哪条反映了你真正的愿望，而不是你认为自己应该做的，或是他人期望你去做的? 写下这些问题的答案，因为它们很可能暗示对你极为重要，但你一直未能采取行动的价值观。

他们能够准确地形容自己

在拥有明确价值观的人眼中，对自我的精准形容是改进与提升自我的重要标准，同时更是在智力与人生之间找到连接、形成个人成功智商的重要原则。因此，他们总是能够找到恰当的词汇来进行个人形容。

当然，你也可以借鉴他们的方法。以下一些有关价值观的词语，你可以从中选择那些你感觉不错或是你认为重要的词语，在那些词语的下面画上横线，或者在空格处加入自己认为重要，但未出现的词语。

选择时，保持轻松的心情，不要想太多。

创新	胜利	挑战	富裕	冒险	亲情	幸福	聪明
纯洁	美好	自信	自知	快乐	关心	好学	奉献
真诚	果断	兴奋	学习	爱	幽默	和平	善良
活泼	明智	积极	权利	尊重	高雅	坚强	大方
正义	坚强	乐趣	活力	忠诚	尊严	体贴	毅力
诚信	仗义	吸引	教导	认同	舒服	享受	自律

娱乐　独立　耐心　浪漫　感激　激情　同情　完美

发现　鼓舞　掌控　休闲　安宁　修行　爽朗　安全

倔强　温柔　可爱　无瑕　激情　宽厚

现在，从上述你标注出的重点词语中，选择 8 个你认为最重要的词语：

____

____

随后，再审视这 8 个词语，重新思考一下：

哪些词语其实是在表达同一意思，只是用不同的方式表达？

是否还有更广泛的价值观能够涵盖此类价值观？

为什么这些价值观对我如此重要？

为什么我虽然感觉这个价值观重要，但却花了这么少的时间与精力？

为什么我会在与此价值观相关的事务上花大量的钱？

回答以上问题，可以有利于你进一步甄别出自我价值观。完成上述步骤后，从上述 8 个词语中，选择出自己的 5 个主要价值观。

看到这 5 个价值观，你是否感觉到兴奋与激动？是否认为，它们所代表的就是你渴望成为的人与渴望过的生活？如果是的话，它们就是你的主导价值观，代表的就是你的核心自我。

他们能够感受到调整前与调整后的不同

相同价值观也存在不同的准则，举例来说，“爱”这一价值观，可以被认为是“我付出爱，我便能感受爱”，也可以是“别人爱我，我才能感受到爱”。价值观准则就如同一个审判长一般，决定着我们的行动是否会满足我们所重视的价值观。而智商出色的人总是能够在不同的调整中找到自己应该重视的前进方向。

在制定与调整价值观时，他们多会遵循这样的原则：

调整前

受欢迎度：若他人可以接受我的观点、喜欢我，并认为我是好人，那我便是一个受欢迎的人；

成功度：当我赚到人生第一个100万时，我便成功了；

健康度：当我没有任何疾病，而且身体状况比他人好时，我便是健康的；

成就感：当我付出了努力、并获得了他人的肯定、达到了自我目标时，我便是有成就的；

爱：当我伤心难过时，我的爱人可以安慰我，我便体会到了爱。

调整后

受欢迎度：若我想受到他人欢迎，我便需要去关心他人、爱他人；

成功度：当我每日都可以完成计划内的工作，并且每天都有进步时，我便成功了；

健康度：当我看起来精力充沛、神清气爽时，我便是身体健康的；

成就感：当我可以为他人创造更大的价值时，我便体会到了成就感。

归纳上述内容，我们会发现，制定价值观准则的重要原则在于：

你的规则要可以帮助到你，而不是妨碍你实现自我目标；

它必须是你可以掌握的，这样外界便无法左右你；

它要让你很容易感觉快乐，而不是感觉痛苦。

人生中所有的快乐与成功都来源于自我价值观的明确。当我们能够明确自我价值观，并按此观点来生活时，我们便能充满激情、精力充沛地投入生活，听到自我肯定的声音，并能时刻感受到强烈的成就感，并由心中感受到平和与安详。

越聪明的人，越懂得休息的重要性

相比于庸者总是看到自己未完成的工作而不知娱乐，甚至反驳“娱乐有用”，智者们有另外的选择：不管是高尔夫还是保龄球，不管是弹钢琴还是玩电子游戏，世界上那些在智力上表现出众的人都有一个共同点：他们拥有不同的消遣爱好。

日本著名作家米山公启曾经描述过这样一段休闲的生活：

我自己平常过得很忙碌。双休日也要写稿，不太能有休息的时间。

唯一一件可以让我完全远离工作的事，就是参加巡航之旅。那段时间，有一星期到十天左右的时间都待在海上，手机无法使用，电子邮件也不能随时查看，等于是完全跟信息隔绝了。

然而，这也就是海上旅行的优点。

不管是方便的手机还是电脑，没有了它们并不会少块肉，没那么重要。

我辞去大学教学医院工作的时候，便去搭船度过了四十天的悠闲时光。在四十五岁时能有那样的时间，现在想起来，真是一段非常珍贵的体验。

每天不断地被时间追赶，到最后连自己的路该怎么走下去，都有些不太确定了。

但是，搭船出游之后，时间就好像静止了一样，世间所有的事也都了然于心了。这样既可以好好地重新正视自己，也会遇到很多从来没想到的全新体验。可以与日常生活中不会遇到的人聊天，或在从来没见过的城市、街道上散步，过着不用在意时间、什么事都不做的日子。

在经历了这样的旅行以后，我总是能够更快地找回自己，以更好的状态回归忙碌的生活中。

平日里，我们总是会不时地对时间的流逝过多在意，脑子也总是会被各种各样的工作所困扰。但是，在外出休闲的时间里，我们完全可以将这些事情放在一边。

激烈的竞争所带来的，不仅仅是身体上的疲惫，还有精神上的烦闷。正因为我们感到压力大，面前还有一大堆事情要做，我们才不能继续消耗精力。在工作中，发现自己的疲惫状态，并进行恰当的调整，也是休闲的一种。借着休闲活动，不仅能够达到舒活筋骨、运动身体的目的，同时，还能够使自我情绪得到有效的调节，使身心恢复健康。

这就如同举重一般：如果你一直都在拉伸肌肉、练习举重，没有丝毫的休息，那么，你难免会受伤。压力同样如此：一直承受的话，往往会不堪重负，影响到个人工作与生活。这一结论已由心理学家研究证实：那些既快乐又成功的人也会承受压力，且他们的压力比普通人更大，但是，他们更懂得如何从压力中放松与恢复。

不知休息，身体便会无法承担

心理学家发现，人们注意力集中的时间往往在 6 ~ 12 分钟之间。通常情况下，人在工作最初效率是最高的，在约 90 分钟后，工作效率、个人精力都会达到顶峰，然后会持续下降，约 120 分钟后，会抵达低谷。此时，身体便会出现以下信号：

烦躁不安，注意力无法集中；

思想总开小差，走神；

疲惫，开始打哈欠；

有伸懒腰、伸展四肢的想法；

想吃些东西；

头疼，脖子也不舒服；

肌肉变得僵硬；

眼睛有痛感，或者开始发红。

这种时候，我们便再也不能拖延休息了，因为就算你持续下去，你的工作效率也会极低。这时，让自己停下来是最理智的选择。

休息无效？是因你找错了方向

不过，有时候你也许会产生困惑：我连续睡了 11 个小时，却依然累得要死。我花了好几万去国外旅行，但并没有增加自己对工作的热爱。我与朋友去 KTV 玩了一夜，但归来后依然只有困惑。

产生这样的后果，是因为我们并不明白休息的本质。

脑力劳动者，一味睡觉对你没多大帮助

你主持了一天的会议，写了一天的方案，做了一天的设计，当一切结束以后，你或许首先会想："太累了，我要去睡个大头觉！"

但事实上，睡眠虽然是有效的休息方式，可它对体力劳动者、睡眠不足者才适用。体力劳动者的疲惫是因为体内产生了大量的酸性物质，如果十分疲惫的话，你不必停下来，只需要换一换做事的内容，让自己的神经放松下来，比如，听音乐、看书、去散步、去游泳。

怀有愧疚地去休息根本不会带来好处

如果你工作效率不是很高，那么，你便更容易产生这样的想法：花任何时间去休闲都是有罪的。但是，那种满怀愧疚、心不在焉的休闲行为对缓解压力、带来轻松根本毫无用处。你需要的是全心全意地休闲，并充满激情、高质量地、无忧无虑地去玩乐。

需要注意的是，我们拖延的原因之一，就是因为我们害怕一旦开始工作，便会没有时间去休闲，工作会将我们玩耍与享受生活的权利剥夺。因此，我们应在每周的计划中，都为自己安排一些休闲活动，并将休闲当成自己生活中的优先事项，这是战胜拖延、赢得时间的重要部分。

向聪明人学习，找到适合自己的娱乐方式

当然，并不是非要如同米山公启一样乘船旅行，才能获得这样的休闲效果。每个人都应该努力去拥有一个属于自我的完全休息的世界或者状态，以下建议或许有助于你找到最适合自己的休闲方式。

“痴睡”或者“傻玩”并不是最佳选择，现代人的疲惫主要来自对现有一成不变的生活的厌倦。所以，最好的休息就是让自己找到一件能够重新点燃对生活激情的事情。如果你有幸与聪明人为伍的话，你会发现，他们的基本思路就是以“做”来“休闲”，使用积极的休息来取代消极的放纵。

也许你也可以向他们学习这样的休息方式。

改变休闲方式

放弃固定地坚持自己并不热衷的爱好吧，改变一下，也许会为你带来更多的快乐！

使用一两个小时的时间，去看那些让你开怀的小说或者漫画，来代替去 KTV 唱一些一成不变的口水歌。

试着放弃在休息日晚上去酒吧！让自己 10 点入睡，然后，在 7 点起床，到没有人的街道走一走，或者看一下自己从来没有机会看到的早间剧场，你会发现，这一天与过去所有的周末都有所不同。

不要再去你已经去了无数次的度假村了！找一条你从没有走过的街道，步行把它走完，你会发现，这个让你感觉腻味的城市其实还有新鲜的所在。

真正去旅行，而不是换个地方消遣。你去的地方，应是你本身就对它有好奇感，对这趟行程心存美意的，而不是坐了 5 个小时的飞机，只是换个地方打麻将、K 歌。

从这个周末开始，让自己学习一项新技能，比如打鼓、弹琴，每周坚持练习 1 小时以上。

去社交。不要以为社交总是令人厌恶、带来疲惫的。虽然与看书相比，它的确会带来紧张，但它也可以让你兴奋。

你必须每周有两到三天是与自己工作圈子、亲友圈子以外的人打交道，它可以让你在朝九晚五的机械运行中，持续保持活泼的天性。

女性朋友尤其需要这样的社交，在这些时刻，你不再是满脸效率的“中性人”，而是一个真正充满了魅力的女性。

做一些困难的事情

如果你是一个神经超级紧张的人，那么，解除神经紧张的最好方法就是为自己找一些带有难度的事情：这件事情必须要与你的职业不同；这件事情需要你长期付出才能完成。

去做义工，去复杂的工厂学习一项技术，或是做一道极难的数学题，都是不错的选择。当你真正完成这些事情时，你会发现，你对旧有工作的厌倦已经不存在了。

当然，最适合你的方法还是需要你自己探索的。事实上，若你感觉打扫卫生要比坐过山车更让你放松的话，那就果断地去做吧，别管世界上其他人在玩什么。

创新让他们引领未来

被誉为这个时代的“创新天才”的乔布斯对“创新”有着独特的见解：“我们的时间有限，不要把它浪费在重复其他人的生活上。”而美国哲学家丹尼斯·格博那句“预见未来的最好办法就是创造未来”更是在许多需要辩论的场合中常被引用。如今，人们已经普遍地意识到那些敢于创新、拥有创新能力的人会拥有更多的成功机会，但实际操作中，创新所需要的巨大勇气令许多人望而却步——特别是在保守的国内环境中。

现代营销学之父菲利普·科特勒博士则直接将“创新”与“智商”画上了等号：“创新只有在那些真正具有高智商的人那里才得到了认可，在平庸者眼中，他们总希望停止创新——是的，你没有看错，总有一些人不喜欢变革。”的确，在拥有杰出人生智慧的人眼中，创新是改善生活不可缺少的技巧。他们相信，他们可以依靠创新为自己制造出一个人间天堂，在那里，他们可以获得渴望的一切。

1987年，美国两个年轻的邮递员施洛特与科尔曼在无意间看到一个小孩拿着一种发亮的荧光棒在玩耍。这种东西能用来做什么呢？胡思乱想间，两人随手将棒棒糖放在了荧光棒的顶端。结果，光线穿过半透明的糖果后，竟然显现出了一种奇幻的效果。这一小小的发现，令两人惊喜不已！为此，他们特意申请了发光棒棒糖专利，并将这项专利卖给了著名的开普糖果公司。

两人的思维之窗由此打开，他们继续思考着：棒棒糖吃起来非常费力，能不能为它加上一个由电池进行驱动的、可以自动旋转的小马达？这样既省劲，又好玩。两人很快将这种想法付诸实践，当旋转棒棒糖实验成功后，很快便投入了市场，并且获得了极大的成功。在最初的6年间，这种售价仅为2.99美元的小商品一共出售了多达6000万个！施洛特与科尔曼获得了极为丰厚的回报。

更大的奇迹随之出现了，开普糖果公司的负责人奥舍在一家超市中看到了一些电动牙刷，虽然这些牙刷有许多品牌，但是售价大多高于50美元，因此，销售量非常有限。奥舍灵机一动：为什么不能利用旋转棒棒糖的技术，使用不到5美元的成本来制造电动牙刷呢？

随后，奥舍与施洛特、科尔曼着手进行了技术移植，很快，这种旋转牙刷诞生了，而且销量迅速超过传统牙刷，成为美国市场上最畅销的产品之一。在2000年，三人组建的小公司一共卖出了多达1000万把这种牙刷。这下，身为美国最大卫生用品公司的宝洁公司有些坐不住了：相比之下，他们所产生的电动牙刷成本过高，根本毫无市场竞争力。

在经过了一番协商以后，2001年1月，宝洁公司将这家小公司收购，并首付高达1.65亿美元的预付款，三个创始人则在未来三年内留职于宝洁公司。

一年多以后，由于电动牙刷的销售量持续攀升，远远超过了所有人的预期，借助于一家国际超市公司，它已经在全球多达35个国家里成为畅销产品。按照这种趋势，在三年的合同期满后，宝洁公司将要付给三位电动牙刷创始人惊人的数目。最后，在双方协调下，合同提前终止，宝洁公司一次性付给了奥舍与施洛特、科尔曼三人多达3.1亿美元的款项，再加上原有的1.65亿美元预付款，三人在这项发明上一共获得了高达4.75亿美元的收益！

也许我们可以不去奢望那4.75亿美元的收益，但是却不应冷落技术创造、灵感创意这些成功的主要要素。

从心理学开创以来，心理学家便将创新思维视为“人类最伟大的思维活动”。创新思维令我们能够想象、设计与生产出我们从前生活与经验中未曾有过的形象、事物与方法——你可能无法想象，在一百多年前，汽车飞机甚至是如今普通而常见的电话都是创新思维改变生活的具体表现。

创新者本质上只是大脑活动得更频繁

将自我创新坚持到底，这是创新思维得以成功的根本。在这一过程中，传统的想法是创新成功的头号劲敌。传统的想法会使个人心灵冻结，令个人进步受到阻碍，对进一步发展个人真正需要的创造性形成巨大的干扰。

在弗洛伊德看来，人类的创造力来自无意识的冲动结果，所以，创新人才本身就有一些与众不同的地方。著名心理学家艾森克曾经对包括爱因斯坦、歌德等创造型人才的生平进行过研究，他发现，在这些人身上往往具有一些不一样的人格特征，他们幻想多、想象多、冲动多，理想少。而心理学家吉尔福德则将艾森克的研究进一步扩展：创新型人才还拥有高度的自觉性与独立性。他们不肯雷同、不肯随波逐流，拥有旺盛的求知欲望，对新事物充满了好奇。

这样的描述或许会让你误以为，创新是源于与生俱来的能力，但事实上，通过心理学家对爱因斯坦的大脑进行研究证实，除了左脑半球第 39 区，爱因斯坦的神经细胞与胶质细胞的比例比其他科学家、比其他普通人群要小一些以外，其他方面其实并没有太大的区别，而这一区域往往是大脑新陈代谢的区域。也就是说，爱因斯坦的大脑与我们不同的地方，仅仅是他用得比较多，新陈代谢比较快。

很显然，如果想要与这些杰出者一样，拥有出色的创新思维，那么，你就要更多地运用你的大脑。

多个渠道，使你有机会成长为创新者

想要培养创新能力、发展创新思维，你便需要从以下方面入手。

乐于对各种新创意进行接受

在面对新思想、新方法时，要将那种“办不到”“不可行”“没有用”的思想渣滓完全从个人思想中剔除。要知道，那些在各行各业中获得杰出表现的人总是乐于将自己当成一块海绵，他们乐于，并竭尽所能，去汲取一切的良好创意。

让自己拥有敢于实验的精神

将一切固定的例行事务废除，让自己去尝试新的书籍、新的朋友、新的戏院与新的交际场合，或者采用与之前不同的上班路线，或者过一个与往年有所不同的假期，抑或是让自己在马上到来的周末做一件与之前完全不同的事情，等等。

若你一直在从事销售工作，那么，你可以从现在开始，试着对自己生产、财务、会计等方面的兴趣进行培养，这样可以使你的能力得到扩展，更能为你日后担当起更为重要的责任做好先期准备。

让自己明白：进步本身就是一种收获

拥有重大成功的人，往往会不断地为自己与他人设立较高的标准，不断地寻求各种增进办事效率的方法，以较低的成本来获得较高的回报，以较少的精力来做较多的事情。而所有的事实都证明，那些“最好、最大的成功”都是留给那些具有“我能将事情做得更好”的做事态度的人。

你可以每天在开始做事前，花十分钟来思考：今天，我要怎样才能将工作做得更好？我能想出哪些方法来提高自己的做事效率？

这样的练习看起来很简单，但是却非常管用，试一下，你便会找到无数的创造性方法来为自己赢得更大的成功。你的心理态度直接决定着你的能力，若你真正地相信自己能够做到更多，你便可以创造性地思考出更多更有效的做事方法。

想办法为自己增加见识

有许多方法都可以通过外界的力量进一步激发你的创意，下面两个方法是极为容易且有效的。

首先，你至少应加入自己本行业中的一个职业团体，并定期参加各种聚会。这个团队必须是一个富有朝气、极具发展潜力者乐于加入的，在那里，你将会获得不同的见解，并能与他们针对意见进行交换。

再者，你至少应该加入一个本行业以外的团体。认识自己工作以外的人士，可以帮助你进一步拓展视野，看到更远大的未来。很快，你就会知道，这样做对你的本职工作有多大的激励效果。

积极地保护自己的创意

创意是思想的果实，但是，只有在适当的管理彻底实施以后，才会具有价值。请你利用以下三个方法来对自己的创意进行适当的管理与发展：

不要让自己的创意无缘无故地消失，在有新点子时，立即随手记下来；

对自己的创意进行整理后归档，同时进行定期的复习，并定期检查与审视，将有意义的保留，无意义的摒弃；

对自己的创意进行持续的培养与完善，从各个角度进行深入的研究，时机一成熟，便将它应用到生活或工作中，以便日后对自己的工作与生活有所帮助。

创新能力出色的人会将自己所有的接收器打开，全方位地接收外界的信息。如果你也渴望让自己拥有出色的创新力，渴望在平凡的生活中切实地体会到高智商带来的好处，那么，从现在开始，从另一个角度看待身边的事物，并从中寻找不同的地方，就当作一场寻宝游戏——当你这样做以后，你会发现很多被忽略的东西。

智者总是选择最简单的道路

我们生活在一个各类电器日渐精简的年代里，很多年轻人可能并不知道 20 世纪 70 年代的计算机到底长什么样：那个时候的计算机是一个巨人，体积庞大，但却很柔弱，必须要放置在专业的机房中。人们要用计算机时要换上拖鞋、穿上白大褂。在乔布斯的传记中，曾有过这样一桩趣事：他拿着一个刚具雏形、粗糙的个人电脑去找惠普，却被惠普婉拒，因为在惠普看来，他手中那简单的东西最多只能算是玩具。

的确，在当时，庞大的IBM大型机的计算能力很强大，而乔布斯手中的个人电脑计算能力很弱，两者根本没有办法比——但后者有一个大型机无法比拟的优点：它经过了精简的体积，使它更方便携带，也更利于电脑的普及。

高智商的人群不仅在促进精简本身的发展，同时也在利用一切可精简的办法来简化自己的生活，他们从来不会将自己的生活搞得太过复杂：他们乐于生活在简单的世界里，并追求一切可以删繁就简的东西，就如苏格拉底所说过的那样：他们最有兴趣的事情，就是看看市场上有多少东西是自己根本不需要的。

身为国内某行业一流企业总经理的胡明曾经拥有一间独立的别墅、两辆车、一套足够款待24人的用餐瓷器。但是，他依然过得不开心：他已是这个社会食物链中的顶尖一层，却因为工作与生活的单调与无聊而感觉困惑。

最终，他从原来的生活状态彻底地走了出来。受到有关“精简生活”的影响，胡明开始将多余的生活物品捐赠给慈善机构。几个月过去了，多余的书、鞋子、锅碗瓢盆等杂物都被找了出来，最后，他将自己那台多余的汽车也捐赠了出去。

如今，胡明开始习惯骑自行车出行，而他每天的工作时间也变短了，他拥有更多的时间去参加自己热爱的户外活动。同时，每周他都为慈善机构的非营利外展项目工作大约3个小时。

在谈起自己的转变时，胡明这样说道：“只有物质的丰富才能带来幸福——我坚信这样的想法是错误的，我想精简往往让人在节省精力的同时，更能让我们感受到美好。”

简单对应的是复杂，就如轻所对应的是重一般，简单与复杂之间的关系，看似清晰明了，但事实上并非如此。作家米兰 · 昆德拉曾言：“生命中不能承受之轻。”面对生活与人生，有太多的事情表面上看轻如鸿毛，但却令你难以承受，而简单的生活对大多数人而言都只是一个向往，因为简单生活的背后往往是不简单。

向往复杂只因为我们缺乏安全感

我们生活在一个“物欲时代”，很多人根本做不到如胡明一般，为了追求内心的向往而放弃当下生活中的必需——物欲与生俱来。而且，对物欲的向往往往代表了我们对财产价值甚至是个人价值的衡量，而这两种价值所代表的，恰恰是常人在看待我们时给出评价的具体标准。可以说，对以物欲为代表的复杂生活追求其实就是个人对被爱与安全感之间的关系。这与新罕布尔大学心理学专家爱德华 · 勒梅通过研究得到的结果相同：“我们追求复杂的生活，部分是因为它们能够给我们带来一种被保护感、安全感与舒适感；但我们发现，若人们处于被爱与被认同的状态下，通常情况下，复杂生活便会显得不再那么有必要存在。”

但事实上，需求得越多，并不能代表得到的自由越多。正如哲学家梭罗所说的那样：“大多数豪华的生活以及许多所谓舒适的生活，并非必不可少的，反而是人类进步的障碍，对于豪华与舒适，真正的智者更愿意通过简单的生活，获得心灵上的平静与精神上的专注。”

对此，我们看一下那些对人类艺术、科学、音乐做出过卓越贡献的人就知道了：毕加索、莫扎特、爱因斯坦……这些人的生活都极其简单，他们力求摆脱所有浪费时间的复杂生活方式，全神贯注于自己的主要领域，挖掘内在的创造源泉，获得了丰富精彩的人生。

树立两大原则，专注投入于更快乐的生活

哲人苏格拉底每一次经过热闹的雅典广场时，都会说这样一句话："我最有兴趣的事情，就是看看市场上有多少东西是我根本不需要的。"很多事物之所以存在我们的生活中，并非我们需要它们，而是仅仅因为习惯。我们习惯了将自己的生活搞得复杂，使我们被文明所造就的冗杂条框、商业社会横行的消费泛滥所包围，因为它们能够带来莫名的愉悦。但是，我们很少停下来问问自己——这样的复杂是否真的有必要？

同时，我们也缺乏对人生的仔细审视：在忙碌的工作、生活中，那些没完没了的对话、会议与出行，有多少是真正必要的？

能够让我们学会专注投入、寻找到更有效率、更能带给我们更多快乐的生活法则有两个：

中心法则：少即是多，力求简单地生活；

进步法则：我们的生活里，总是会存在一些能够改进的地方，我们能够通过较少的努力，来获得更多的好结果。

这两大原则所追求的不是效率的提升，而是自我心态的改变。它们不是一时的心血来潮，而是自觉对当下生活的调整。在自省状态下，我们以耗费较少的精力，去过一种不管是物质上还是精神上都更加充实的生活。

从小事开始，尝试着精简自己的人生

可以说，简单生活本身就是个人智慧的最高境界，而化繁为简本身就是一种生活的艺术。简单的生活是最幸福快乐的生活方式，同时也是节省时间、带来效率的生活方式。如果你想找出一些今日就能够开始的简单的改变，而且想要见到明显效果的话，那么，以下方法能够更多地帮助到你。

将所有日常费用设成自动付款

大多数的银行都会提供免费的账单支付服务，而且，需要你支付的大多数账单都能够提供电子账单，并代替纸质账单。

对于此类惯常性的费用，你可将自己的银行账户设成每月自动扣除！这样，你就不需要为它们操心了。

一次性购买生活用品

如果你每周去超市三次，购买自己所需的物品，你不妨设定购买计划，减少去超市的次数，每周去一次超市，这样你就能够节省一两个小时的时间去做其他的事情。

有些人会花大量的时间在超市里或者商店里闲逛，但却永远找不到他们想买的东西。其实，你应该在购物之前列个清单，有目的性地去寻找自己需要的商品，这样有利于节省时间。同样，通过互联网进行网购，你也会很容易找到自己想买的东西，而且还不用去实体商店。

合并出行

如果你的日程表显示你和家人需要分别去超市、洗衣店或者邮局等地方、你又必须要开车载他们的话，你可以把你们的出行活动合并到一起，多花几分钟时间去计划和协调一下，这样，你一周就可以节省出好几个小时。

不要为了幻想而努力

没有人可以逼迫你按某一特定的方式行事，你不应为了达到自己脑中幻想出来的期望而不断地拼命努力。事实上，想要简单生活，你只需要做那些让你高兴的事情就可以了,其他的事情也可以跟着变得简单。

因为你是在为自己而活，而不是为其他人。

更重要的是，如果你决意开始简单生活，你便应从现在开始，不要让自己那么匆忙。当你清楚地了解了自己的生活中需要什么、不需要什么的时候，从此刻开始，努力地去促成，你的人生便有机会更靠近美好。

只在优势领域竞争

蛇有蛇道，兔有兔穴。鸟飞鱼跃，各使其能，以使其技。当你面对他人表现出众的一面时，与其自惭形秽，不如反躬自问："为什么他能够这样出色，而我不能？"综观高智商者的人生，我们会发现，他们从来不会涉足自己不擅长的领域，而是努力地发现自己的顶级强项，并通过实践与学习予以加强。然后，努力寻找，开辟一项需要这些优势的工作或者项目——当他们这样做时，他们的人生会变得更有效率、更有成就感，也更加成功。

云娜是某市的卫生局局长，该市算得上是中国境内最大的城市之一，而目前，她的任务是制订并实施一项针对全市老年居民的综合服务计划。然而，不管是在该市还是在全国范围内，都没有实施过这样大规模的综合性服务。这就意味着云娜没有成功的经验可以借鉴。

想要完成这项任务，必须要具有战略性的思维能力，或者至少要拥有善于分析与计划细节的能力。虽然这些能力非常重要，但它们并不是云娜的特长——她最擅长的，是鼓励员工、分配任务与落实行动。

幸好，云娜并没有忽视自己的强项，也没有把重点放在克服自己的弱点上。相反，她为自己设计了一种工作模式，从而能够发挥现有的优势：首先，确定当天就能够付诸行动的可行目标，并立即行动；其次，向她所领导的职工讲述他们此任务的目的；最后，外聘一位顾问来完成正式的政策规则。

当云娜与她的团队全力推进该项目一个月后，项目一切进展顺利，而她的卓越表现也为她赢得了更响亮的名声。

认识并根据自身优势获得事业、人生上的发展的人，并非仅有云娜一人，但凡在各自领域中出类拔萃的成功人士，不管他们是教师、演员还是会计师，你都会发现，他们的成功秘诀在于发现并立足于自身优势，来做自己最擅长的事情。

成功本就是最大限度地发挥优势

从心理学的分支——成功心理学来看，判断一个人是否成功，最关键的是看他是否能够最大限度地发挥自我优势。通过研究，心理学家发现，人类有多达400多种的优势，而这些优势本身的数量并不重要，最重要的是，个人应该知道自己的优势是什么，之后要做的，就是将自己的人生与事业的发展都建立在优势上，这样个人成功的概率就会大大增加。

人生本身就是一场非常严肃的竞技生存赛，走一些弯路没有关系，关键在于自己前进的大方向是否正确，坚强的毅力在表面上看来虽然可敬，但是，也唯有在正确的方向引导之下，我们才可以发挥出自我巨大的作用。否则便会成为盲目的冲动。在很多时候，人固然需要坚持，但是更需要明辨方向。

对每一个人而言，就算不在行的领域多到数不清又有什么关系？若你不是数学家，不知道平方根与微积分并不会影响你的生活，因为它并不妨碍你成为一名优秀的画家；同样，若你不渴望成为演讲家，不善言辞也没有关系——你一样可以成为一名优秀的会计师。所以，人生中最重要的，就是发挥你的优势，不管是什么优势；控制你的弱点，不管是什么弱点。

发挥你的优势，控制你的弱点

不管你的选择如何，你只有一个确定标准：不要让自己在必败的领域中与他人比拼。

别总是试图克服弱点

在向着未来进发的过程中，不要总是让自己着眼于弱点与缺陷，也别总是期望自己可以针对这些弱点做出有效的改变。你需要做的是，首先，明确地意识到它们的存在——别总是认为自己可以做最出色的那类人，可以将所有的弱点一一克服，这样的想法对你根本毫无好处。后天缺点你可以改进，但是先天缺陷你怎么可能改变。识别自我行为模式中的强项，同时注意在行动中积累经验，继而让它们进一步发展成为我们今日可见的巨大优势。所有的成功者都没有无视其弱点，相反，他们在正视弱点的同时，也采取了更为有效的远离做法，设法对弱点进行控制，继而可以腾出手来，将自己的优势磨砺得更加犀利而出色。

坚持自我努力，塑造优势领域

如果你期望将某事变成自己的优势，你便必须要始终如一地坚持将它做好。这一行为预示着，它将成为你内部的一种可以预测的表现。你需要在无数次对此事的重复中获得成就感与自我满足感，而这种感觉会进一步促使你去热爱这一领域、这一事件。在反复的过程中，让自己愉快、成功地做成一件事情，你的能力才能算得上是优势。

学会调整你的前进方向

个人寻找自我优势的过程并不会一帆风顺，你或许尝试了无数的方向，却总是不能成功。这里有几个很简单的方法可以让你知道你到底是谁。

当你看到别人在做某事时，你心里是否有一种痒痒的召唤感——我也想做这件事；

当你完成一件事时，你是否会有一种欣慰感或满足感；

你在做某类事情时非常快，甚至是无师自通，这是一个重要的信号；

当你在做某类事情时，你不是一步步地去做，而是如行云流水一般，一气呵成，这也是一个信号。

为了让自己将某事做得出类拔萃，你并不需要各个方面都具备优势，而在你想要获得进取的那一领域中，必须要有出色的优势。不遗余力地打好手中的牌，才是智者们选择成功的方向。当你发现，自己在某一方面做出了努力，做事情依然困难重重，丝毫没有得心应手之感、成功的希望渺茫时，你便应该明白，此时是你应该对自我前进方向进行调整的时候了——你不可能在没有牌的情况下赢得比赛的。

我们处于一个以“优胜劣汰，适者生存”为游戏规则的世界中，在这个世界里，强者才拥有成功的权利。如何让自己去成功地应对未来，是对整个事情结果产生直接作用与影响的决定因素。在前进的过程中，若你选择了在必败的领域中竞争，那你的前途自然也可想而知。规避弱势，加强优势，才是真正的智者会选择的生存之道。

第三章 提升智商：聪明人的头脑可以复制

仅仅靠模仿智力优秀者的生活会为我们带来超出常人的思维与做事能力，但这离成为真正的高智商者这一目标还有一段距离。想要提升智商吗？心理学家表示，所有的智力提升都是从以下方面逐渐开始的。

学习，学习，再学习

长期沉浸在应试教育的大环境中，多数国人都会以应付考试的心态来对待学习，我们早已习惯了这样的学习节奏：考试以前大量地复习，一考完便全部忘记。如果你已经走出了象牙塔、走入了社会中，表面上来看，由于失去了应试的压力，是否学习也不再重要。但事实上，若你肯摆脱应试的阴影，积极地去学习也是一项极佳且极富有意义的事情：它不仅可以改变你看待事物的观点，也能够给予你改善生活的新知识，更重要的是，当你能够主动地学习时，你的智商便一直处于开发状态——你的智能其实是一直处于增长状态的。

伟威在进入投资银行这个行业之前是一位普通的财务人员，本以为财务转投行会有更多的方便，但没有想到的是，难度依然超出想象。

与其他竞争激烈的行业一样的是，很少有公司会花费时间给员工做专门的、系统性的培训，更不会有老员工主动地、专门地教你去如何做——所有的一切都要靠你自己去主动学、主动去体会。

投行成功人士最重要的特质就是不断地学习：中国投行法规一直处于不断地更新中，一年之中也经常会有变化。所以，在这一行业中，不管是新人还是老人，只有不断地学习，才能变得更专业。而伟威在进入这一行业以后，主要学习的内容有三大方面：证券基础知识、法律知识、财务知识。

这三个方面，单独拉出来一个都属于大知识领域——但这些都是投行人必须懂得的专业知识中的一种。可以想象，一个跨行业跳槽的人在学习这些知识时，会有多么大的困难。但幸运的是，他依靠主动学习、持续学习的态度，攻克了一个个难关——如今的他已经成为上海投行中最出色的人员之一。

大自然中，许多爬行动物与节肢动物在生长期间都会出现将旧表皮脱落、以新表皮来代替的现象。通常情况下，每一次的蜕皮，都代表着自我成长。随后，心理学家对这一现象进行了引申：每一个人都有自己的安全区，在这一安全区中的舒适与习惯让我们不愿意去改变。但是，若想跨越目前的成就，你只能勇敢地接受挑战，同时对自我进行积极的充实。

现代社会生存哲学中，这一蜕皮效应则体现得更为透彻。随着知识技能的翻新速度越来越快，专业技能的更新速度也呈现了飞速变化的状态。人人都希望成功，但只有那些懂得在业余时间不断地努力自我学习、提升自身能力者，才会有可能获得持续发展的机会。换言之，你个人在未来会面对多大的发展机会，是从你开始自我升值的那一刻开始的。

某些人认为，这种升值理论是不成立的。在他们眼中，智力与成就都是与生俱来，难以改变的资质。事实上，在心理学上，智力是可以提升，更是达成自我实现的一个方法。如果你曾经有过最终习得某种技能的经验，你就会明白，在习得的那一瞬间，整个世界都会为之改变。

换个说法来说，因为你有能力做更多的事情了，你便不再存在于原本的世界，因为你所习得的技能，你已拥有了一个完全不同的世界。

比如，当你最终可以娴熟地使用一门外语时，你原本的生存世界便多了一扇门，跨过那个门槛便是另一个世界——在这种情况下，你比那些只讲母语的人多拥有了一个世界——如此看来，其实，人的一生原本可以有很多可能性，只不过大多数人都放弃了这种可能性而已。

那些拒绝学习或者一不小心受了影响而已经将“学习”二字妖魔化的人其实非常可怜，他们每日都在挣扎着寻求更好的发展，却不知道，他们因为当初不肯花费一些相对于整个人生而言少得可怜的时间，而错过了很多的机会。

如何让自己拥有更多的可能性，找回更多的机会，这就需要我们建立起“成长型思维模式”：不管是在职业领域还是在兴趣领域中，我们都应该注意，让自己的知识与学习能力在实用的基础上进一步获得提升。

职业技能专业化

职业是个人获得安稳人生与自我实现的重要基础，我们在成年以后的生命，有三分之二的时间花费在了职业上——可以说，职业的发展情况如何，恰恰代表了你的智商高低。而想要获得职业深入发展，你便必须要让自己具备以专业为导向的职业技能——它是个人执行能力的体现，更是个人人格魅力与思想的反映。它不仅仅单纯指向优秀的职业态度，更要求良好的时间管理能力、有效的人际沟通能力、准确的问题分析与解决能力。

学习长期化

现代社会知识更新换代所需要的周期越来越短，每个人都需要在持续的学习中才能适应工作的要求。为自己作“回炉充电”的知识进补是一种最佳的职业能力提升选择，这种自我提升是建立于一种常识之上的。在知识日新月异的今天，如果不能主动地提升自身的素质，很可能会导致自己在激烈的社会竞争中一败涂地。这种自我加压、自我升值的机会使得个人品牌更好地树立起来。如果你可以坚持不懈地提高自己的素质、让自己尽量多汲取一些新的知识与专业技能的话，日后这些知识与技能总是会在人生中为你带来大的改变。

知识实用化

在教育过程中，许多职场中人存在着明显的急功近利心态，而且在知识学习方面过于笼统化。古人有语曰："学以致用。"对于大部分人而言，想要获得较为系统的知识能力，个人便必须要在进行职业进修的过程中，保证知识与现实相结合的原则，选择那些对自我职业生涯发展有帮助、具体化的知识进行学习，才能让知识在现实工作过程中切实得到运用。

想办法让自己价值最大化

个人能力固然是职业品牌树立的一大关键，但是人才的外因只有在与社会、组织的外因进行相互吻合时，人才的内因作用才会进一步增大。这也预示着，想要将个人价值最大化，你便需要将目光集中于选取职业方向与人生目标的平衡点上，而不是金钱、职位等短期行为上。坚持这种行为习惯，可以让你形成"自己便是最大的价值"观念，只要你可以一直延续此类观念，自然会获得职业新发展。

想要达到以上目标，最基本的一点就是从提升一种技能开始：不管是学习英语，还是给自己报一门会计课——不管你学习的技能在他人眼中多么简单、多么渺小，学会了它总是可以让你了解到习得以后与之前的大不同。一旦拥有了这样一个起点，学习的欲望就会如同发了芽的种子一般，不管多大的石头都压不住它。它会越来越茁壮，越来越坚强。

发散思维让你柳暗花明

中国有句古话叫“退一步海阔天空”。现在这句话更多地被运用到了人际交往方面，以至于很多人对这句话的理解变成了这样：当我们碰到了一个问题，通过了艰苦的努力看似仍无法解决的时候，我们应该回避或者放弃，因为这一问题很可能已经超出了自己的能力范围，而在此事上消耗再多的精力也不一定会获得好的结果。其实，我们更应该尝试着从另一个角度来理解这句话：若使用当前的方法无法解决问题时，我们应该后退一步，从更宽泛的角度来寻找解决问题的方案。

老一辈人总说，方法总比问题多，只要肯动脑，没有解决不了的问题。正确的思想在哪里都是正确的。在国外心理学领域，这种“从更宽泛的角度来寻找解决问题”的思路最早被命名为“概念扇”。如今，它被称为“发散思维”，而是否拥有发散思维，已经成为个人是否聪明的重要标准之一。

在20世纪初，美国一家名为史古特的纸业公司购买了一大批准备制作成各种写作材料的纸。但是，由于运送过程中工作人员的疏忽，使得纸面潮湿无比，同时还产生了皱纹，因此无法使用。

在面对着一整个仓库即将报废的纸品时，大家都有些不知如何是好。在高层主管会议上，有人提出建议：将这些已经受损的纸全部退还给供货商，以减少损失。这一建议几乎获得了所有与会者的赞同。

时任总经理的史古特却认为这样做并不妥当，自己不能因为己方工作人员的疏忽而将责任推卸到他人的身上，这样做不仅会造成他人的负担加重，更会使公司的信誉蒙尘。在经过了一段时间的思考与反复的实验之后，他决定在这些卷纸上打上小洞，让纸片更容易撕成小张小张的。由于纸上本身就有褶皱，使得纸质变得更加柔软，再加上后期打上的小洞，这种本应被弃之不用的材料，竟然成了极方便的卫生用品。

史古特将这种纸品命名为“桑尼”牌卫生纸，并将它们卖给了饭店、车站与学校等各大机构，令人意想不到的是，由于这种卫生纸非常好用，因而大受欢迎。如今，这种柔软、便捷的卫生纸早已成为人们日常生活中不可或缺的生活用品。

在遇到了问题以后，许多人总是直接解决问题，并认为两点间的距离直线最短。但是，许多问题的求解仅靠直线方法是无法如愿以偿的。在这种时候，学会让自己发散思维、全方位地去观察问题、思考问题，或许便可以令问题迎刃而解。

所以，当你为自己遇到困难而举步维艰时，不要以为这便是自己人生中的沉沦时刻，你要明白，并不是你没有成功的潜质，而是你还没有找到最适合自己的成功模式。让自己学会全面地对问题进行思考，同时绕开带给自己困扰的“碉堡”，也许你便会看到柳暗花明又一村的美好景象。

由于每一个人的思想都有所不同，思维方式往往会根据先天条件与后天培养，再加上环境的进一步缔造来促进思维的不断变化。在这一过程中，思维往往呈现为永无止境的进步形式。个人不断地进行新事物的接收，并同时学习自己不懂的技能，而个人的思维广度也会随之不断扩展。

从发散思维开始，培养建造“方案树”能力

发散思维近年来在心理学上越来越受到重视，这种在思维过程中不受固定的范围与方向限制，沿着不同的方向、角度与标准去思维，充分地发挥想象力、突破现有知识的范围，从一点向四面八方想开去的思维方式，往往会给陷入思维困境的人们带来新的解决问题的灵感。

这与我们习惯使用的具体解决方案类的想法有所不同：实际生活

中，为了实现一个目标，我们往往首先想到的就是一个具体的“点子”，而发散思维往往是从这个“点子”出发，采取逐步后退或者概念化的过程，使解决方案进一步被分解成多个层次，然后再横向移到其他的方向上，进一步逐层地细化。这样便可以找出所有的方法。而这一过程往往形成以下模式：

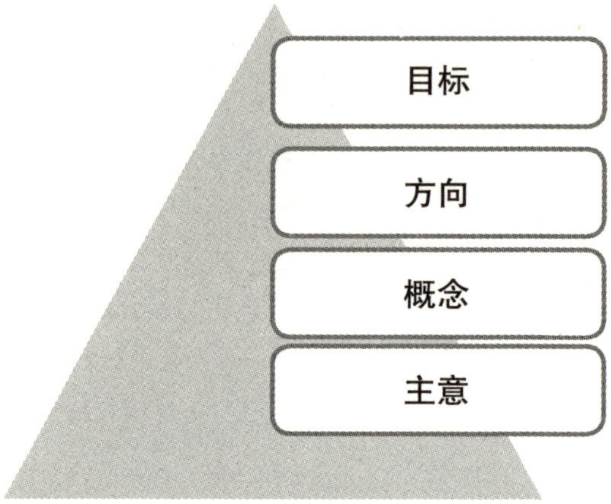

发散思维中的具体理念

- 目标：需要解决的问题。
- 方向：解决问题的基本思路。
- 概念：事情的基本方法或方式。
- 主意：解决问题的直接手段，这个主意必须是具体的、可以直接付诸实践的。

当然，在发散思维的“方向”与“主意”之间往往会存在很多层次，这些层次可以统称为“概念”或“方向”。在“概念”“方向”与“主意”之间，存在着一定的逻辑关系。

方向是最为宽泛的概念，概念是较为具体的方向，而主意总是做某事的具体方法，是可以执行的过程。

“概念”与“方向”的区别是相对的：“方向”只是你能想到的最宽泛的概念。如果你还能想出更宽泛的概念，那么那个概念就成为方向。目标、方向、概念和主意最终构成一个方案树。

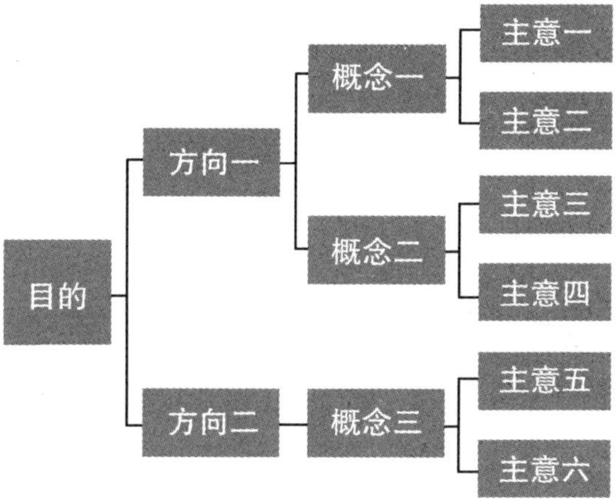

对一般人而言，想要让自己从一开始就学会这种方案树式思维明显有些强人所难，但在遇到了具体问题时，我们其实可以从打破定式思维开始，让自己尝试多向思维。

发挥想象力，利用发散思维打破常规

想要培养发散思维，进行思维的扩展，我们可以参考以下方式。

积极地发挥自我想象力

德国著名哲学家黑格尔曾言道：“创造性思维需要个人拥有丰富的想象力。”培养个人创造性需要个人拥有善于从生活中捕捉可以激发自我创造欲望的能力。平日里，不应让自己局限于单一的“寻求正确答案”影响之中，而是应该更加积极地展开丰富而合理的想象，对自己所遇到的问题进行二次思考，利用曾经拥有过的经验与知识，来扩展思维，找到更多的解决问题方法，同时对众多方法进行甄别，挑选出最优答案。

将标准答案淡化，让自己进行多向思维

单向思维往往属于低水平的发散，多向思维才能体现出高质量的思维。不管是个人学习还是工作，都应不唯书、不唯上，不轻信、迷信他人。在思考问题时，尽可能多地为自己提出一些“假定”“假如”“否则”一类的问题，才能强迫自己去换一个角度思考问题，想他人从来没有想过的问题。

敢于打破常规，将思维定式弱化

法国著名科学家贝尔纳曾经说过：对学习造成妨碍的最大障碍，并不是未知的东西，而是那些我们早已知晓的东西。思维定式往往可以让我们在处理问题时驾轻就熟、得心应手，从而使问题得到圆满的解决，在对待生活中的一般问题时，这样的思维方式往往会让我们节省大量的做事时间，但是在需要进行创新与开阔性思维时，思维定式便会成为个人的“思维枷锁”，使个人新思维、新方法的构建受到阻碍，使新知识的吸收受到影响。

因此，唯有让自己敢于进行创造性思维，敢于去打破常识思考问题，并在新型思考方法的基础上生产出更有价值、更有意义的东西来，才能让自己培养起较强的思维创造能力。

敢于对已有定论进行大胆质疑

中国明代学者陈献章曾言：“前辈谓学贵有疑，小疑则小进，大疑则大进。”个人是否拥有质疑能力，是个人学习思维与创新思维发展的关键，而质疑往往是培养创新思维的重要突破口。

平日里，在面对已形成定论的问题解决方法时，让自己有根据地进行质疑，同时尽量寻找到可以在更节约时间、精力的基础上更快速完成工作的方法，让自己不断地体会新的学习创造方法，并对自己原有的思考与结论进行反思，采取批判性的态度去看待已成定论的问题。在这种良好的自我学习与创造过程中，往往会培养起极强的创新思维能力。

学会进行合理反向思维

反向思维也被称为逆向思维，是指按与认识事物相反的思维方向对问题进行思考的能力，从而让自己提出不同凡响的超常见解。反向思维往往不受旧观念的束缚，而且会积极地突破常规，使个人敢于标新立异，从而表现出对探索新事物、新方法的积极进取态度。拥有反向思维的人往往不会满足于人云亦云，敢于质疑传统看法。

美国著名的贝尔实验室认为，敢于反向思维是个人能否超越局限、打破常规、取得新发现的关键："有时候，你需要离开经常行走的大道，潜入森林中，你便肯定能发现前所未有的东西。"学着让自己潜入"森林"中，敢于另辟蹊径，去发现、去领略那些前人未曾见过的风景，你才有机会看到他人不曾观赏过的旖旎风光。

很多人在问题出现的时候，总是按"两点之间直线最短"的思维方式来思考。但事实上，许多问题的求解是无法靠直线方法来完成的。在这种情况下，让自己尝试着使用发散思维去观察问题、思考问题，敢于利用迂回的角度与方法去审视问题，或许便能使问题迎刃而解。

使用技巧，让自我学习类型明确

运动员想要获得理想的成绩，必须要有一双好的跑鞋。好的跑鞋标准很多，但最基本的只有两条：抓地性要好、要轻便。学习本身就是奔跑，而且它不仅仅是奔跑，更像是一种赛跑。我们每一个人都在这场赛程中，而很多人认为自己跑得不够快，并不是因为缺乏奔跑的能力，而是因为跑鞋不够好。

什么是学习的跑鞋？环顾四周，有很多人并不了解自己的学习类型是什么。

张强是一位会计人员，在从事会计工作长达六年以后，他决定让自己“升升级”：参加“注册会计师”的考试。但这项考试属于一项专业性极强的考试，它以难度大、涉及内容深、考试范围广而著称，每年参加这项考试的人仅有10%左右的通过率。

在决定参加这项考试后，张强便买回了大量的相关书籍，并决定要在一年内攻克难关。他每日早起背诵重要概念，在中午精力最旺盛的时候开始计算相关题目，晚上则用来预习一些新的知识与概念。在每日的读、写、背中，张强有些熬不住了：这么多的知识，什么时候才能背到头？

张强的难题其实也是国内很多面临学习困境的人需要去面对的难题：读、写、背被称为是考试界中通关的“三大利器”，但是，这样做真的有利于个人记忆力提升吗？众所周知，良好的记忆力是高智商的一大体现，可是，想要做到记忆力好，并不是只有读、写、背可以达到目的。

知道了自己的学习类型，才能获得学习的高效率

好的学习跑鞋标准有很多，但最基本的也只有两条：一是跑得快，二是要合脚。

“跑得快”，即学习效率高。在这个“持续学习能力”受到重视的时代，学习效率的提升往往意味着个人智商上的提升。可是，很多人都误以为，学习时间越长，学习效率就会越好——事实上，学习时间对于学习效率而言，永远只能做分母。

心理学家发现，每个人的感官通道优势都不一样，有29%的人视觉占优势，有34%的人听觉占优势，有37%的人动觉占优势。如果你是一位动觉学习者，却试图安安静静地坐在桌子旁边看课本背单词，那么，你三个小时的学习效果都不会如一个视觉学习者学一个小时来得好。

“要合脚”，指学习方式适合自己的学习类型。在我们的常识中有“一心不可二用”之说。因此，有些人一边听音乐一边学习的做法往往会得不到支持。但事实上，对于34%的听觉学习者而言，这却是一种高效的学习方式。心理学研究也证实，以巴洛克音乐等作为背景音乐可以诱发大脑的 α 波，可有效提升学习效率。

不知道自己的学习类型便去学习，就如同一个盲人骑上一匹瞎马去赛跑一样，费尽大力，也不一定获得好的学习效率。

明确自我学习类型，提升获得高智商概率

明确自我学习类型，可以帮助你在接下来的学习过程中，更好地发挥自我效率，从而获得更多的成功概率。在学习类型的研究方面，位于美国纽约圣约翰大学的丽塔·邓恩教授是这方面的专家。她将学习类型分成了三种：

VO 型——视觉学习

AO 型——听觉学习

KO 型——动觉学习

学习类型本身并没有好坏之分，它就如同每个人的字体、个性一样，独具一格，每一个人都有自己的主要学习类型。但是，除了拥有一种主要类型以外，大多数人还兼具其他的一种或者多种次要类型。

在进行自我学习类型的界定时，你需要对以下因素进行综合性的考虑：

你平日里接收信息的最常用方式是什么

你主要是通过看、听、运动还是触摸等方式来接收信息的？哪一种方式对你的学习更加有帮助？

有时候，某些人还会使用味觉或者嗅觉来进行信息的接收，但是，在学习类型中，它们处于次要的地位。

你是如何进行信息加工与组织的

在记忆东西的过程中，你主要依靠的是左脑还是右脑？左脑能力强的人往往会以逻辑的方式进行信息的吸收。若信息是以逻辑或者线性的顺序出现的，那么，大脑便能轻易地吸收它们；相比之下右脑能力强的人往往会先对大的整体描述进行了解，他们更适合那种包含了形象、想象、音乐与艺术、直觉等情况的描述性记忆。

明确在吸收与记忆信息的过程中必需的、重要的因素

社会、情感、物质、生物、环境与运动性等，皆属于此类信息记忆过程中的因素。

在学习上，人们往往会存在着不同的情感需求，如美好的记忆、外界的鼓励，抑或是来自他人的督促与榜样的鞭策等。这些对于帮助他们进行动力的激发、毅力的加强与记忆关键的启动等方面，都存在着至关重要的作用。

同时，人们还会在学习过程中存在着不同的社会需求。有些人在独处的状态下更能进行良好的学习；另一些人则喜欢与伙伴一起进行学习,还有些人在群体环境下更能学得进去。而对于一些年幼的孩子来说，有成人在场往往会让他们拥有更多学习的动力。

环境将会对考生的学习产生巨大的影响，如声音、温度、光线、座位甚至身体的姿势等。

吃饭的具体时间、对运动性的需求、个人生物钟的情况都会对个人运动性需求产生直接的影响。

有很多方法可以帮助你确定自己属于何种学习类型，你可以借助于对自己的学习类型进行观察，来获得初步的判断。

从言语举止来进行观察

视觉学习者：此类人更愿意以看的方式来获得认知，如果你在吃饭点餐时，更愿意翻看菜单，而不是听人介绍；对他人提出的问题，更愿意用图的方式来进行解说；对学习材料，更喜欢录像的话，便属于视觉学习者。同时，你的生活也非常有条理、整洁与衣着讲究。

听觉型学习者：通常情况下，你喜欢倾听，并能够从他人的话语中获得相关的知识，而且能够给予积极的回应。你更喜欢通过录音机来进行学习，你的听课效果很好，而且不善于进行复习与预习。

动觉型学习者：你往往难以安静。课堂上，你也会被老师评价为最多动的那类学生，你喜欢以夸张的动作来与朋友打招呼；对于新事物，你习惯控制；你喜欢体育课，多半会参与不同的体育运动。

由眼睛运动与说话方式等辨别类型进行学习

富有经验的神经语言学专家认为，通过对学生的眼睛运动与他们说话的方式进行学习类型的判断，更具有准确性。

视觉型学习者：大多数的视觉型学习者在上课时会安静地坐着，眼睛笔直朝前看；在看到了一个信息之后，眼睛会不由自主地朝上翻。

听觉型学习者：在获得了一个信息的时候，他们的眼睛会从一边看向另一边，对于大多数习惯使用右手的学生，他们的眼睛会转到左面，并会朝下，在说话的时候，他们非常富有节奏感。

动觉型学习者：平日里运动较多，而且说话速度较慢，同时更习惯触摸、写字、画画。

这些学习类型本身并没有好坏之分，它们只是不同而已。换句话来说，每一种类型的个体，都可以利用自己最擅长的方式，在学习的过程中，获得最大的学习效果，从而借助于知识的力量，使自己获得更多的智力提升因子。

从他人那里，获得积极的帮助

如果你有机会问一个成功者，什么是奋斗过程中最重要的事情，他会告诉你两件事：

孤单者是可耻且很难成功的；

志同道合的伙伴是重要的。

美国一名创业者曾经在一家天使投资项目中投递简历，希望获得对方的资金投入，但遗憾的是，他的项目面试落空了。这对他的打击非常大，因为他真的很期望获得这一机会得到投资。他想不出自己的项目到底哪里出了问题，于是，他通过熟人，找到了主管资金分配的投资者。

对方给了他一个很简单的回答："你没有合作人，这意味着你面临的风险将会大大增加。"

只有伟大的艺术家才不需要同伴，但可怜的是，我们中的大部分人，都是渴望通过奋斗改变自我人生的普通人——这无疑让我们遗憾。但历数当下最著名的成功者，我们会发现，每一个成功者都有自己的合伙人：乔布斯是与斯蒂夫·盖瑞·沃兹尼亚克共同创办苹果公司的，比尔·盖茨是与保罗·艾伦联合创办微软的，马云有他的十八罗汉，俞敏洪依靠了他的"海龟团"才壮大了新东方……靠个人力量获得成功，真的是一件太难太难的事。

从社会学的角度，人际关系被定义为人们在生产和生活活动中建立起来的一种社会关系，但心理学却将人际关系定义为"人与人在交往过程中建立的直接的心理上的联系"。这种心理上的联系，不仅会让人产生"身在群体"中的安全感，同时更能够让人与人之间形成相互联系、相互依赖、相互促进的紧密关系。

依赖于人际关系、从人际关系中找到志同道合的伙伴，恰恰也是高智商的成功者最典型的特点：靠着十八罗汉，马云拥有了现在的“阿里帝国”；苹果公司中众多的拥护者，使乔布斯得以成为现代最出色的艺术家领袖。因此，有成功者总结经验，一个人想要获得成功，有三个主要的途径：让自己为成功者工作；与成功者一起合作；让成功者为你工作。

不管你想要通过哪一个途径成功，你都需要明白，成功者往往拥有他们自己的特质，这些特质是他们吸引他人，并最终借助他人力量成功的关键因素，同时也是所有期望通过获得奋斗同伴的人应该借鉴与使用的。

你可以对照一下周围的朋友，看一看自己的周围是否有这样的人，更重要的是，你也需要审视自己：人与人之间的互助关系从根本上是一种互利关系，只有当你能够对他人产生利益的时候，他人才会关注你——当你是这样的人时，他人会更愿意成为你的奋斗伙伴。

他们总是立即行动

想千遍不如做一遍，脚踏实地的人总是会拥有更多的机会，这些话或许你听起来会感觉非常的老套，但是，它们的确非常有道理。你不需要引发一场怎样的轰动，更不需要为自己进行大肆的宣传，而是可以现在就开始行动。因为有梦想的同时，良好的策略、出色的创意都是外因，只有你的勤奋与努力才是最直接的成功引燃器。

一旦你确定了自己的人生方向，你就应该坚持下去，即使前方拥有无数的荆棘。千万不要单纯地将自己的成功期望寄托在他人身上，不要一味地期待，你的人生中真的会出现一位大贵人，他会对你的天赋与才能进行发掘，同时资助你、提拔你，其实，这些都是一些毫无意义的期待，若你坚持这样做，你很可能会让自己的一生都处于停滞之中，因为只是等待，不会给你的人生带来任何的大进步。

所以，若你期望成为知名演员，便不要总是期望有导演来赏识你，而是要主动地去四处试镜；若你期望成为最出色的业务员，便别等待客户上门，而是应主动地去发掘客户，否则你的梦想便是空想。梦想只是行动的指南。富兰克林·罗斯福曾说："掌握并尝试一种方法只是一个基本的常识，若是你失败了，你就应敢于承认，然后去尝试其他的方法；总之，成功最重要的事情就是，去尝试！"所以，现在就开始行动，就开始尝试吧，只有开始了行动，你才能向着梦想更靠近一步。

他们不会因为挫折或障碍而气馁

同一种东西，在普通人看来可能是一座高不可攀的山脉，但是，在有梦想的人眼中，它可能仅仅是一块大石头。不管是什么样的挫折，你都需要去勇敢地面对，虽然这个过程往往需要耗费大部分的时间与精力，但是在成功者的眼中，他们却会认为，这些障碍都是人生中自己必须要经历的一部分。

事实上，你应该将自己生活中出现的那些挫折与障碍视为更佳的机会跳板。你的人脉关系也往往会在这种时候发挥它的作用：朋友、合作伙伴会帮助你克服这些障碍。而这也正是我们在前面所提到的关键性关系的重要之处：你的人际网络中，正好有一个你可以在这种时候仰仗的人，他可以为你提供更具有创意性、更能够帮助你解决问题的方法。同时，他还会教你怎样去向自己的人脉求助，并会告诉你：向他人求助本身是一件自然的事情，没有什么好害羞的。而当你意识到这一点之后，你的人生便会出现巨大的转变。

他们有能力将失败与过错变成巨大的成功

失败并不可怕，可怕的是不懂得根据自己的失败去做出改变。现实生活中，很多人都害怕犯错误，这种胆怯的心态令他们无法向前。换句话来说，他们甚至不会做任何的尝试。事实上，失败只是一件随时有可能发生在每一个人身上的普通事件而已，它只是人生中的一次经历，只是我们大部分人都不喜欢这种结局。但是，那些出色的人总是能够从失败中汲取教训，让自己再次站起。

他们始终保持自律

美国著名的现代作家罗伊·加恩说："想要成就一番大事业、想要在新的层面上不断地提升自己，你便必须要做到自律。"这个世界上有两种人。一种人过着他律性的生活，他们需要他人的督促、监督才能去做事；而另一种人过着自律的生活，他们靠内心的强烈期望来让自己去行动，他们拥有自己的准则，他们不需要别人的监督就能够知道自己目前该做什么。成功者多半属于自律者。

从本质上来说，自律是你在被迫行动之前，有勇气去自动地做你必须要去做的事情；自律往往与你不愿去做、懒得去做，但是却又不得不去做的事情相联系。你不喜欢与人打交道，但是社会对成功者的基本要求就是要有交际能力；你不想努力，而努力是成功的必要因素——在没有外力影响或者外力尚未对自己形成影响的情况下，做到积极的自律，这正是成功者的最大特点。

他们善于坚持到底

没有任何事情可以一蹴而就，人人梦想的成功更不会一夜之间就降临在你的身上。在生活中，最常出现的情景是，在梦想还未实现之前，大多数人已经放弃了。因为他们在向梦想冲刺的过程中遇到了逆境，一时的失败导致了他们的情绪焦虑不安。为了不再继续忍受这种痛苦的折磨，他们选择了放弃，并认为，自己的梦想根本就不值得花费如此多的努力。可这种想法真的是愚蠢到了极点。主动地实现梦想的过程本身就是一个充满了考验、失败、失误、挫折与新发现的过程，这就是为什么梦想如此美丽、如此诱人的最重要原因。因此，不管你想坚持什么，你都应坚持自己的梦想，因为它是激发你不断地追逐成功的最强动力。

值得我们去正视的事实是，奋斗者与奋斗者之间是会相互吸引的，这正是“物以类聚，人以群分”的群体基础。所以当你渴望获得同伴时，尽力让自己也变得精英起来吧！找到了你的奋斗同伴，你的成功便会更容易。

永远让自己着眼于重要的任务

当你快马加鞭在职场冲刺时，你可曾想过自己到底是为了什么如此地拼命？当你回头审视自己最终获得的报酬时，你是否认为它与自己的付出成正比？如果两个问题你都无法给出肯定的回答，那么，你就必须再一次审视一下自己的人生：你认为自己在他人眼中是一个有价值的人吗？

卢梭说：“人的价值是由自己决定的。”歌德也说：“你若要喜爱你自己的价值，你就得给世界创造价值。”想要获得与众不同的人生，你便必须要成功地向世界展示出自己的一个清晰形象：你是怎样的人？你有什么资格让他人看重？你该如何去经营自我形象并赢得他人的认可？从某一种意义上来说，为了让自己获得他人的认可，你就必须要在有限的人生中，去做一些更重要、能够让他人更清晰地认识你的事情。

大勇是那种典型的会获得老板喜爱的“好员工”，他的直属上司评价他时，往往会用一句话来概括：“他勤奋又积极，可靠！”不管是工作中上司分配的任务，还是公司里的一些杂务，当其他员工都不愿意做时，大勇往往会挺身而出，救上司、救大家于“危难”之中，这种积极的工作态度使他成了整个部门最具有人缘的员工。

大勇的勤奋源自他从小接受的教育认知：勤能补拙，勤奋才有机会学习到新的东西。而不少老师与前辈都告诉过他：做员工必须要手脚勤快才能得到重用，他也期望通过这种勤快来为自己赢得更多的成长机会。

但是，每一次遇到重要任务时，他就会发现，自己的工作总是为他人作嫁衣裳，比如安排一下会议、去取个文件一类的简单工作，复杂的、真正可以学习到技能的工作根本轮不到自己。偶尔一两次，大勇鼓起勇气向上司讨要此类任务，却得到了这样的回复："如果你去干这些了，那杂活谁来干呢？"

此时，大勇才意识到，自己被彻底定义为了"杂事员工"。

高智商的成功者往往拥有这样的特点：他们有能力甄别重要的工作，并懂得如何在重要的工作中显示自己的能力。但值得注意的是，很多人都不具备这一能力：他们被困于平凡的事务中不得脱身。而之所以如此，只是因为他们认为自己的周围没有重要的工作，或者自己没有被分配到重要的工作中。但事实上，他们连什么是"重要项目"，自己参与哪种项目才能增长见识都分不清。

大勇的工作心态是所有渴望未来远比当下更美好的人都应该注意的：承担过多不重要的任务，只会让自己的价值与贡献大大被低估。你很可能会天真地认为：自己的额外努力是会获得报偿的，但事实上，包括分派者在内，大家根本不看重，更不尊重这些单调而乏味的苦差事。

过多地参与此类项目的另一个不良影响是，由于个人的宝贵时间都被这些"低价值"的工作占据，你参与"高价值"的项目的时间便会减少，相应地，你获得阶段性成长、为未来积累经验的机会也会大幅度减少。

追求重要项目，是因为我们追求个人实现

心理学家马斯洛认为，人的需求并不仅仅是穿衣吃饭，在经过了多年的心理研究后，他将人的需求划分为五个层次，由低到高，这五个层次分别为生理需求、安全需求、社会需求、尊重需求、自我实现需求。

生理需求：对食物、水、住房等需求都是生理需求，这类需求级别最低；

安全需求：包括对人身安全、生活稳定以及免遭痛苦或疾病等的需求；

社会需求：包括对友谊、爱情的需求，当生理与安全需求得到满足后，社会需求就会突显出来，激励人不断进步；

尊重需求：尊重需求包括对成就或自我价值的个人感觉，同时也包括他人对自我的认可与尊重；

自我实现需求：最高级需求，即充分发挥个人潜能，实现个人理想与抱负的需求。

所谓的穿衣吃饭，不过是最低层次的生理与安全需求，而通过生活、工作中参与重要任务，我们所实现的是尊重需求与自我实现需求。我们在此类工作中，会意识到自己是重要的、有用的，从而对人生产生更积极的态度；而他人也会因为我们所体现出的个人价值而尊重我们。

可以说，这种尊重需求与自我实现需求恰恰是高智商者最力求获得的——他们早已摆脱了基本的生理、安全需求，迈向了能够带来高价值的尊重与自我实现需求上。

甄别高价值任务，获得前进的机会

主动积极的工作态度永远是获得机会的首要前提，我们需要学习的，只是如何才能甄别出那些“高价值”任务。

所谓的“高价值”任务指的是那些可以增加你的声望，令你的技能、声誉或者人际关系获得大幅度提升的项目。与普通项目相比，这些项目往往具备以下优点。

通过该任务，你的能力或天赋将获得他人的认可，你有可能因此而受到奖赏——即使这奖赏并非是立即可见的，你也可以预见，它在未来可以给你带来长期的回报。

你学会了新的技能，这种技能在多种场合中都可以用得上。

你建立起了全新的人际关系。

你获得了大家，特别是管理层的喜爱与欣赏。

你树立了良好的口碑，成了公认的“慷慨”贡献时间的人——前提是这些时间是花得有价值的。

明确“常见低价值事件”与“常见高价值事件”

一旦你发现哪些事情是浪费宝贵时间的低价值活动，你一定要像清除衣橱里过时而廉价的旧衣服一样，毫不留情地将它们抛弃，不管在他人眼中，它们有多么重要、多么紧急，你都要坚持自己的立场，并明白，那是时间浪费的主要点。

常见的低价值事件

• 代替他人做的事情，如替同事写报告；

• 自己不擅长的事情，如身为业务员的你，需要处理相关的财务问题；

• 千篇一律、例行公事的事，如帮助十几个部门复印开会通知；

• 枯燥无味的事情，如参与东拉西扯的无用会议；

• 接听未经筛选的电话，如工作被推销保险的业务员打断；

• 花费时间远超过你的预计，但还未完成的事情，如跟谈判多次还未签约的客户见面。

有哪些事情是真正值得你付出时间与精力去做的呢？其实，那些能够让你感觉到生活意义、存在的价值，能够让你更靠近梦想与目标的事情，都是值得你去做的事情。

常见的高价值事件

- 你一直想要做的事，它可让你的人生更完整；
- 付出 20%、收益却占总收益 80% 的事；
- 可以大大节约时间的事；
- 能够令生活或工作品质获得极大改善的创新；
- 稍纵即逝、千载难逢的事；
- 与亲人的每一次相聚；
- 与爱人共度的、一个没有干扰的日子；
- 感觉极度疲惫时，请假上街逛逛。

如果管理层或者与你进行交流的人已经公布这是一项无偿的活动，但是，它能让你获得新的、能够促进个人成长的技能，那么，你就应该积极参与。所以，在工作场合中，不要选择那些你擅长的项目。

基于此原则，你应该对比自己的长期人生目标，并明确想要达到这一目标，你还缺乏哪些技能、需要在哪些方面加强锻炼才能使自己变得更强。如果你在财务方面不擅长，那么，你便可以主动答应去财务部辅助工作，这样，你便能获得免费的财务知识——当然，前提是你不会因为自己的无知而给他人造成混乱。

多做“高价值”任务并不是说，对于那些低价值的任务你就要避之不及——事实上，日常工作与生活中，有太多低价值的任务存在。而高智商者甄别它们的方法也很简单：如果它们能够利用外界资源为你创造免费的学习机会，且与你的目标与长远人生规划相关，那么，你自然可以接受此类任务。

消除了设限，思维的原子才能崩解

在日常生活中，我们总是受到传统思想的控制与影响，它在不知不觉中阻碍着我们的前进。自我设限就像为自己套上了一把无形的枷锁，犹如生活在井底的人，四周均是墙壁。许多人不敢追求成功，并不是追求不到成功，而是由于在他们的内心深处，默认了自己身在高墙之中的合理性，这种合理性时常暗示他们：成功是不可能的，它是没有办法做到的。

若要越过甚至打破这座高墙，我们就必须去正视“自我设限”的存在。

一位美国的心理学家曾做过这样一个实验：他向一个玻璃杯中放入一只跳蚤，发现跳蚤立刻跳了出来。于是，他重复着这个动作，结果还是同样如此。依据测试可知，跳蚤跳跃的高度能够达到它身体的400倍左右。

紧接着，心理学家再次把这只跳蚤放进杯子中，但这次是在杯子上加一个玻璃盖，“嘣”的一声，跳蚤重重地撞到玻璃盖上。此时，尽管跳蚤甚为困惑，但它却不会停下来，毕竟跳蚤的生活方式就是不断地“跳”。一次次被撞，跳蚤逐渐变得聪明起来，它开始依据盖子的高度来调整自己所跳的高度。其后，心理学家发现这只跳蚤再也没有撞击到玻璃盖，而是在盖子下面自由跳动。

一天之后，心理学家悄悄地把盖子拿掉了，但跳蚤依然还在原有的高度继续跳动着。三天之后，这只跳蚤还在那个高度跳动着。

一周以后，心理学家惊奇地发现，这只可怜的跳蚤依然还在这只玻璃杯里不停跳动，其实，它已经无力跳出这个玻璃杯了。

跳蚤之所以无力跳出玻璃杯，并不是它已丧失了跳跃的能力，而是一次次受挫麻木了。最可悲的地方就在于，当玻璃盖不再存在时，跳蚤却依然停留在那种高度。在它的内心深处，已经默认了这只杯子的高度是自己不能逾越的。

在日常生活中，许多人是否也在同样过着这种“跳蚤人生”？在年轻的时候，他们意气风发、屡屡尝试，但却事与愿违，屡屡失败。几经失败以后，他们不是抱怨这个世界的不公平，就是怀疑自己的能力。他们不是想方设法去寻求成功，而是一而再，再而三地降低成功的标准，哪怕原有的一切限制均已取消。犹如跳蚤那般，尽管玻璃盖被取下了，但它们或已被撞怕了，或已经习惯了，而不能跳上新的高度。人们时常由于害怕追求成功，而甘愿忍受失败者的生活。

自我设限源于行动的欲望与潜能被自己扼杀

有人将成功比作是人在一生中都不断追逐的梦，但成功从心理学的角度来说更多的是一种欲望。按弗洛伊德的理论，人生来就有“做伟人”的欲望，而“做伟人”其实就是“成功”的集中表现。弗洛伊德之后的多位心理学家也通过研究证实：不管民族、文化、历史、性别与年龄，人天生就有爱受赞美、喜受人尊重的强烈愿望与倾向。

这是人的共性，可以说，对成功的渴求是人与生俱来的。因为成功是智商、情商高的表现，更是获得赞美与尊重的最有效途径。正如美国心理学家约翰·杜威所说的那样，人类本质中最深远的驱策力是“希望有重要性”。以至于有些罪犯自述，他们之所以会杀人、纵火，就是为了让人们知道他，亲眼看到他人一听到自己的名字便如五雷轰顶——

那是他们最有满足感的时候。

而自我设限恰恰来自行动的欲望和潜能被自己扼杀——在成长过程中特别是幼年时，若遭受了外界（包括家庭）太多的打击、批评与挫折的话，奋发向上的热情与欲望便会被自我设限压制甚至封杀，没有得到及时的疏导与激励，既对失败惶恐不安，又对失败习以为常，丧失了信心与勇气，渐渐地养成了犹豫、狭隘、自卑与不思进取的精神面貌。这样的性格在生活中最明显的表现就是随波逐流。他们与生俱来的成功火种过早地熄灭了，而这种表现，也恰恰是智商不足所导致的失败。

五大步骤，打破自我设限，确立成功信念

所有高智商的人都有一种可贵的品质：他们明确地相信自己，相信自己具备克服障碍的能力与智力。我们见过许多有才华的人，但他们都不可避免地因为自我设限而摔跤。如果你认为自己同样存在这种情况，不如使用以下方法，来改善自我限制的信念，释放自己的潜力。

明确你的“但是（怀疑）”

想出对自己与自己的人生，你最期望实现的三个具体成就，并将它们写下。但是，如果你质疑自己是否拥有相应的成功能力，就使用下面的公式。

我想做 X，但是我做不到，因为 Y。

（其中，X 是你希望取得的成就，Y 是你认为自己做不到的原因）

你所有写下来的 Y，都是限制自我的念头。

任何改变都要从自我认识开始。所以，第一步是对目前令你深信不疑的那些信念形成一个清晰的概念，在上面的公式中，“但是”以后的部分，都是自我设限的信念。

问自己："真的是这样吗？"

逐个地思考"但是"后面的陈述，并询问、回答下面的每一个问题：

这是真的吗？是谁说的？

是什么让我相信这是真的？我有哪些客观的证据，能够切实地证明我做不到？

我是什么时候、从谁那里得到的这种信念？（通常情况下，我们会在小时候，从老师、父母甚至是同龄人那里学会这些。）

上一次我出现这种信念是什么时候？

如果没有这种限制性信念，我会变成什么样的人？

问自己："我从前抛弃过哪些信念？"

你少儿时，可能相信过这个世界上有神仙——当时，这些信念在你看来是正确的，但现在看来却非常荒谬。既然你可以认为一种信念是荒谬的，现在为什么不能相信一种信念是可行的？

在十几个世纪以前，人们从不相信"人能在天上飞"，而且将它当成了永恒的真理，但现在，我们完全可以通过各种设备在天上翱翔。所以，请停下来，花时间找出三个被自己遗弃的信念。

问自己："我曾经犯过哪些归类错误？"

按下图中的样子，拿一张空白的纸，在中间画上一条竖线，并将它们按"正确的限制性信念"与"过时的信念清单"进行列表。

目前我认为是正确的限制性信念	可笑的、过时的信念清单

现在你会发现，在人生的某一时刻，你曾经犯过归类错误：你曾经将正确的信念归为错误的信念，但是，你却忘记了将那些错误的信念重新归为正确的信念！

现在，将那些依然正确的信念，写到它们应归属的地方去吧！

问自己："哪些信念对我是绝对正确的？"

有些信念是绝对不会动摇的，比如：

水是地球上宝贵的资源；

呼吸是有用的；

明天，太阳会照常升起；

……

花几分钟想一下那些不可动摇的信念，并将它们写下。

将"目前的限制性信念"转变成"能做到"的信念

这很容易。比如，如果你的一条限制性信念是"我永远不能成为一名出色的歌唱者"，那么，写上"我能成为一名出色的歌唱者"。将所有限制性的信念，都变成积极的、能做到的信念，并将它们写下来。

然后，再拿一张空白的纸，像前面一样，按"新的能做到的信念"与"我认为绝对正确的信念"进行分类。

新的能做到的信念	我认为绝对正确的信念

现在，暂停一下，阅读一下自己写下的内容，并让自己真正地沉浸其中。然后，再将那些“新的、能做到的信念”写入“绝对正确的信念”中去，并连续念上十遍——你一定要认为它们是绝对正确的，你才有机会实现它们。

恭喜你！当你通过了这个练习后，你便在打破自我设限、实现自我梦想的道路上前进了一大步。这种练习可能会花费你几天的时间，但如果你每天都可以去阅读一下这些信念，并坚信它们能够实现，那么，就算花费一个月也是值得的。因为当你接受了这些信念，你已经开始了更高层次的自我实现。

第三篇

心理学与逆商

美国著名心理学家、精神科医师斯科特·贝克认为："人生本就是一连串的难题，生命的真谛就在于面对与解决问题的过程。"面对问题，并寻求具体的解决之道，这本身就是一个令人痛苦的过程。我们需要直面黑暗，但在这种直面之中，我们也会获得突破黑暗、走向光明的素质——通过心理学去理解逆商，利用心理学去提升逆商，你将会获得更全面的成长。

第一章 发现逆商：冷酷背后隐藏着改变的力量

在逆境中，残酷的事实的确会给我们带来无可弥补的损失。但是，透过心理学的真相，你却会发现，逆境中隐藏着引发改变的伟大力量。每一次的失败与挫折都是一种自我超越，帮助他人打破过往一成不变的信念框框，终结不当的幼稚与不成熟，每一次的挫折，都是在强迫着你，向着更有利于自我的方向前进。

你所不知道的逆商

通过长达几年时间的研究与系统性的归纳，在 1997 年，美国心理学专家保罗·斯托克提出了“逆境商数”这一概念，简称逆商。这也是逆商一词第一次进入人们的视界。我们早已熟悉并知晓了情商与智商的概念，而它们也成了衡量个人素质的重要工具。在此基础上，保罗本人强调了逆商的重要性：“为什么在智力、资本与机遇相同的条件下，有些人可以一路飞腾，有些人却会一败涂地呢？归根结底，他们迎接挑战、克服困难的能力，即个人的逆商不同。”

可以说，与情商、智商相比，逆商更是衡量个人人生发展情况的重要指标。

约翰·库缇斯出生于澳大利亚一个平民家庭中，在出生时，他只有矿泉水瓶那么大，脊椎以下没有发育，他的双腿就如同青蛙一般细小，而且与常人不同，他没有用来排泄的肛门。在经过了手术后，他只能通过最痛苦的方式排便，而医生更是断言，这个小可怜活不下去。

令人意外的是，约翰却一直在挣扎着活着，直到他 18 岁成年以后，虽然孱弱无比，且依然时刻都面临着死亡，但他俨然已是一位高逆商界中的佼佼者。

18 岁那年，他决定做出自己人生中首个重要决定：将自己那双不能发挥作用的双腿截掉。在手术后，他成了真正意义上的“半个人”，后来，他学会了用双手走路。在同龄人都在欣赏美好的女子的面容时，他笑着为自己解释说，自己看的最多的风景就是各式各样的腿、鞋子与女孩子的裙子。

虽然父母一直在告诉他，就算他什么也不做，也不会有人责怪他。他所在的国家有优厚的福利措施让他过得足够好。但是，约翰下定决心做一个自食其力的人，他厌恶懒惰，更期望发挥自己的优势生存。在 20 岁时，他每天都会趴在滑板上去找工作。那段时间里，他大概敲开了数千家的店门——有些店主甚至在打开门后根本没有发现趴在滑板上的他，但是，依靠着自己的努力与坚强的信心，他终于找到了工作——他成了一名可以自食其力的人。

他下定决心成为一个运动健将，在 1994 年，经过了长达几年的艰苦训练后，他成了澳大利亚残疾人网球赛的冠军，面对所有的嘲笑与侮辱，约翰用自己的实际行动回击了对方。后来，一次偶然的演讲让他成为人们眼中出色的残疾成功者：他通过讲述自己的人生来鼓励他人，获得财富。

在 30 岁时，约翰·库缇斯再一次受到了命运的残酷打击：他罹患了癌症。但是，依靠着自己出色的逆商，他再一次战胜了死神，进入了癌症痊愈者的行列。如今，他已经拥有了一位美丽的太太与健康的儿子——命运之神终于还是对他露出了赞许的笑容。

每一个人都是自我命运的建筑师，我们用自己的实际行动，给出了我们在逆境中的表现，并证明了自己的逆商是高还是低，而命运则根据这一分数来判断我们应该归类为成功者还是失败者。

逆境面前，逆商高者赢

可以看得出，逆商其实就是当个人或者组织面对逆境时，以其独特的方式对逆境的不同反应，高逆商的人在面对逆境的时候从来不会退缩，他们会将逆境当成是自己向前冲的垫脚石，即使自己处于极端困难的时期，他们依然会干劲十足，直到收获属于自己的成功为止。

相比之下，低逆商的人在面对逆境时，会认为自己在人生路上的障碍太多，且这样的奋斗既累又看不到尽头，进而丧失了前进的信心与动力，从而令自己滑落。

逆商有三层不同的含义

毫无疑问，逆商与情商、智商一同组成了人类成功学与心理学上的重大突破，在我们的日常工作与生活中，人们成功与否，很大程度上取决于逆商。

逆商拥有以下三个方面的不同含义：

逆商告诉人们如何在逆境中生存，并如何战胜它而取得成功。逆商是有关理解与增强与成功相关的各方面要素的一个概念，同时也是经过了大量杰出科研得出的具体结果，它将为人们提供一个全新的知识宝库，而这些知识都是成功所必需的。

逆商可以通过对个人的表现，预测在逆境中人们所持的态度。逆商是一个量度，它所标示的是人们在面对逆境时的具体反应如何——在过往，这些生命中的潜意识形态从来没有被检测过，如今，我们将能够对它们进行测量、理解并进一步改变它们。

逆商能够预测人们在逆境中能否充分发挥自己的潜力。逆商是一套有着科学依据的工具，它可以帮助我们切实地提升对逆境的反应能力，具体结果则是提升个人与职业的整体效用。

美国最著名的 SBC 电信公司的销售数据表明，那些高逆商员工比低逆商员工的销售额高出 141%。而其他研究也证明，高逆商的人其生产能力、创造能力与沟通能力，都显著地高于低逆商的人——更奇特的是，高逆商的人在手术后恢复得也会比低逆商的病人更快、更好。

可以说，在这个瞬息万变、险象环生的逆境时代里，逆商显得格外重要。没有永远的失败，只有暂时的不成功。逆商往往比情商、智商更能体现出个人的生命价值，当我们能够以不变的心境来应对万变的逆境时，我们在人生中便能够长久地立于不败之地。

逆境的三个层次与表现形式

我们每年都能够从各种渠道看到各种东山再起者与创业者，在这些“二次成功者”的身上，他们的经历体现出了惊人的相同。那就是他们在遇到了强大的困难与逆境时，始终都让自己保持着乐观与积极的态度，从不轻言放弃。

其实，生活中我们需要去正视、去面对的逆境有很多，这些逆境不仅仅是来自工作与竞争，还包括了生活中的环境、疾病与心态等多个方面。可以说，逆境无处不在，特别是当我们遭遇了逆境，并且要在其面前进行选择时。此时，每一个人所隐藏的逆商便会渐渐地凸显出来，使自己变得坚强并足以走过整个逆境。

一位中国留学生到澳大利亚留学，在最初那段时间，为了寻找一份可以糊口的工作，他骑着一辆旧自行车沿着环澳公路走了数日，替人洗碗、放羊、割草……只要对方给饭吃，他便会停下疲惫的脚步。

一天，正在唐人街一家餐馆打工的他，看到报纸上刊登了北京某公司的一则招聘启事。留学生担心自己的英语不地道，专业不对口，他便选择了线路监控员的职位去应聘。过五关斩六将之后，眼看他马上就要得到那份年薪三万五的工作了，谁料想，招聘主管却出人意料地问他："你有车吗？会开车吗？我们的工作需要时常外出，没有车的话会寸步难行的。"

澳大利亚公民普遍拥有私家车，但是这位留学生初来乍到，连吃饭都成问题，怎么可能有车。为了争取到这份极具诱惑力的工作，他不假思索地回答："有！会！"

"4 天后，开着你的车来上班。"主管说。

4 天内要买车，还要学会开车，谈何容易，但是为了生存，留学生豁出去了。他在朋友那里借了 500 澳元，从旧车市场上买回了一辆外表丑陋的"甲壳虫"。第一天，他向朋友学习简单的驾驶技术；第二天，他在朋友屋后的那条路上模拟练习；第三天他歪歪斜斜地开着车上了公路；第四天他居然顺利地开着车去公司报了到。

时至今日，他已经是这家公司的业务主管了。

若没有当时决然的挑战，便不会有今日的辉煌。当你毅然斩断了自己的退路，使自己置于命运的悬崖绝壁之上时，你便会集中精力奋勇前行，从生活中争得属于自己的位置。给自己一片没有退路的悬崖，从某种意义上来说，也是给自己一个向生命高地冲锋的机会。

但现实生活中，有些人因为逆商不高，在突如其来的爱情挫折、求职不顺等人生障碍面前，缺乏应变能力，以至于束手无策；有些人选择了消极的逃避，甚至使用极端的方式来求得解脱；也有些人遇到挫折、困难就会掉眼泪，心理承受能力极差。但是，个人拥有较高的逆商却可以帮助自己化逆境为顺境。看到巨石拦路，勇者会将它视为前进的阶梯，而弱者却会将它视为拦路的障碍。可以说，人们对于逆境的不同态度，往往会产生不同的人生结局与命运。

逆境并不总是以明显而清晰的模样呈现在我们的面前，想要养成良好的逆商，我们就必须要清楚地认识到，我们人生中的逆境到底是以哪些形式存在的。

虚构的逆境：自己构想出来的逆境

美国心理学家伊丽莎白·洛塔斯是记忆与想象的研究者，她研究错误的记忆和与之相关的联想。在她的一项研究中，展示的是一个模拟的事故：一辆车正经过一个有“停车”牌的十字路口，如果人们看到“停车”牌的背后有车辆停放的话，那么，有 80% 以上的人会想象：“啊！那里出了车祸！”或者：“那里有人受伤了！”

伊丽莎白的研究证实，当我们受到错误的大脑信息误导时，我们往日里养成的“先调查再确认”的了解方式往往会被遗忘。而这种依据于凭空的想象得出来的困境，就是我们所说的“虚构的逆境”。

你可以想象一下，你在遇到了困境的时候，是不是很多时候都会自行地想象自己所虚拟出来的困境？而有些事情你之所以不敢去做，是因为你将恐惧放大了？这种虚拟出来的恐惧感恰恰是阻碍我们不断向更成功、更美好的人生前行的巨大障碍。

激励性逆境：可以激励前行的逆境

这种逆境往往是一种背后隐藏了希望的逆境。当前，你可以看到它给你的人生造成了明显的影响，但是，你也清楚地意识到，只要你迈过了这种逆境，那么，未来便会是一片灿烂。你的老板告诉你，你将会接下一个困难而艰辛的任务，它将会极大地消耗你的时间、精力甚至是资源。但是，一旦你完成了它，你就会成为公司确定的新部门经理人选——在这种情况下出现的逆境其实就是激励性的：它的激励意义远比阻碍意义更强。

在这种逆境中，当我们力求突破某种困境时，都会先自我激励一番，即起跑前的“助跳运动”。

其实，面对这样的逆境，人们要做的是认真地对待它，而且要看到成功迈过逆境后的奖励，而不是惧怕它。运用自己全部的力量去迎接它，那么，接下来的成功自然手到擒来。

防卫性逆境：首先保护自己的逆境

当我们遇到了某种困境或者遭遇了某类的危机后，出于本能，我们第一个可能想到的就是去防卫。在情绪上，我们会对抗、紧勒、盘绕着那些逆境，这么做，是为了保护自己。一如我们天生就会“打不过就跑”的对策一般。

高逆商的人最可贵的地方就是，他们能够清楚地辨认出每一种逆境的模样，并将逆境所产生的负面影响控制在一定的范围内，不至于扩大到其他的层面。同时运用恰当的方法，将问题有效地解决。所以，通常情况下，他们越是能够把握逆境的影响范围，就越能够将挫折视为是特定的事件，越感觉自己有能力处理而不是惊慌失措，越能够走出逆境、走向成功。

逆商影响生活的四大维度

许多改变行为模式的方法都会提到这样一点：从小处开始，从微小的成功开始，体会成功的快乐。这种“微小的成功”看似渺小，但意义非凡。

对于意识薄弱的人来说，逆境所带来的最可怕的地方在于，它能够将我们辛苦建立起来的积极与乐观彻底地摧毁。对于一个人是否能够在逆境中充满希望，是否能够挺过难关，逆商本身就是一个决定性的变量。一旦个人乐观不足而逆境又过于强大的情况下，个人便很容易产生习得性无助。

1965 年，心理学家马丁·塞里格曼开始了电击狗的试验。这个实验起初由苏联心理学家巴甫洛夫所做：它能够让狗在听到人摇晃铃铛时分泌唾液。而马丁的试验，则是将研究引向另外一个方向：当他摇晃铃铛时，为狗提供的不是食物，而是电击。为了让它们保持不动，在实验的过程中，他用狗项圈限制了它们的活动。

在狗被建立起了“听到铃铛就意味着要受电击”的条件反射后，马丁将这些可怜的狗放进了一个大箱子里。这个大箱子有一个低矮的栅栏将它一分为二。马丁设想，若他在不电击的情况下摇铃的话，狗就会跳过栅栏以逃脱电击——这是一种逃生的本能。

但结果令人惊讶，所有的狗都没有这样做，它们只是乖乖地坐在那里，做好了被电击的准备。

我们必须要承认，人类其实与这些狗并没有两样。在我们的生命历程中，若我们经历了惨败、控制感丧失甚至是被虐待的话，在经过了一段时间后，我们会认识到自己是无路可逃的。这种时候，如果有逃离的机会提供给我们，我们中的绝大多数都不会行动起来——在长时间的受击打后，我们已经变成了一个虚无主义者，我们宁愿相信尝试无用，而不是怀着积极乐观的态度去试一试。

丧失控制感，往往是无法走出逆境的关键原因

在任何情况下，丧失控制感都会引发这种万念俱灰、只能被动接受命运安排的心态。心理学家进行过的另一项研究证实了这一点：在疗养院、孤儿院这些被鼓励服从与被动的地方，病人的每一个独特的想法都会遭遇到反对与严密的监视，在这种情况下，这些人的健康与幸福感会急剧下降。相反，若这些人被赋予责任与选择权的话，他们便会保持身体健康与积极的心态。

这与现实生活中的例子相同：有些受虐妇女或儿童、人质等会拒绝逃离，而他们之所以这样做，原因就在于他们接受了尝试无用的观点。而那些逃离了困境的此类人，也常常会先经历一段艰难的日子，他们变得再难以投入精力去做任何有可能失败的事情。

衡量逆商，从四大指标看起

对于逆商的衡量，可以让我们清楚地知道一个人的负压度与危机意识到底有多高。心理学家保罗·史托兹指出，想要全面地对逆商进行认知与衡量，就必须要从以下四个方面进行考察。

控制：当你遇到逆境时，你能够在多大程度上控制局面

保罗认为，人的控制能力来自个人的控制感，而衡量逆商控制感是高还是低，往往取决于面临重大挫折时他们具体的反应态度。高控制感的人可能在面临挫折的时候依然相信自己可以控制局面。当他人都认为自己已经无能为力的时候，高控制感的人却依然可以冷静地观察事物，并从中找出挽救的办法，尽一切力量去让结局变得更好。

归因：分析自己身处逆境中的原因

逆境承受力低下的人，也就是逆商低的人常常下意识地会将引发挫折的原因归咎于外界，比如，他们面对逆境时往往会这样想：

都是他不帮助我，我才会这样的！

如果不是老婆做饭晚了，我根本不会迟到！

要是上司能够再给我一点指示，我就不会不知道怎么做了！

这种持续性的抱怨往往很容易引发意志消沉，工作质量低下。

但另一方面，那些拥有高逆商的人却会主动地承担责任，相信自己一定可以使局面得到改善。在面对逆境时，他们往往会这样想：

我的妻子病了，我有义务照顾她；

下一次再遇到这种情况时，我就知道要怎么办了；

现在，我知道了自己错在哪里，下一步我要牢记不再犯这样的错误了；

所有的人都很努力，只是现在的局势真的太不好了，我们需要更努力一些。

可以看到，高逆商者会进行一定的挫折经验分析与总结，适当地进行挫折经验的总结，批评与责备自己的不当。不过，若过分地对挫折产生的原因进行追究的话，很可能会让你的士气大大下降。这是因为责备与归因往往都有一定的破坏性，它们更能降低你的希望与能量、自我价值与心理免疫系统，甚至还有可能让你养成推卸责任的坏习惯。

延伸：是否将挫折的恶果延伸至其他方面

高逆商的人往往会主动地将逆境所带来的恶果控制在一定范围内，而绝不会让它去影响自己的其他方面。比如，高逆商的人在工作中出现了挫折时，他绝对不会因为工作上的失误而懊恼很久，甚至使这种抱怨情绪影响到除了工作以外的正常生活。

相比于高逆商者的这种高控制力，低逆商者遇事时很容易出现“天塌了”的感觉。他们会感觉自己的一切都糟糕透顶，并会将这种不良情绪进一步延伸到自己的各个生活领域中去，以至于事事都感觉不顺利。比如，他们在与同事争吵后，会进一步将纷争扩大化：“他一定是对我有意见，不然他不会这样做的！”进而在与同事能够碰头的所有场合都与之对抗——这样一来，原本是单一的挫折事件，便有可能如同病毒一样传染与蔓延开来，使个人的整个生活甚至人生都受到负面的影响。

耐力：个人在逆境中会持续多久

很多高逆商的人最明显的特征是，他们会将逆境看成是暂时的，他们往往拥有战胜挫折的惊人耐力。在他们的眼中，一点的小挫折并不算什么，他们坚信，通过坚持不懈的努力，个人就一定会获得成功，因此，他们往往是希望与乐观主义者。

低逆商者之所以会认为逆境是不可扭转的，往往是因为他们缺乏对逆境变化的认知能力。他们总是误以为磨难与困难是不可抗拒、不可战胜、一直存在的，并会将自己对逆境的认知一直停留在恐惧阶段。也正是因为如此，他们往往会画地为牢，就此消沉下去。

可以说，个体在逆境四大衡量指标中的表现，直接决定了他们是否会在现实生活中失去控制感。生活是自己的，人生是由个人演绎而成的。虽然所有人都会出现一时的无力与无助，但若将自己的无力、无助进一步演变成“习得性无助”的话，个人的人生也将沉沦。唯有在认知逆商的基础上，意识到逆商的重要性，并进行针对性的提升，个人才能够重新赢得对生活的掌控。

衡量逆商，从这里看起

逆境有时候并不会在我们面前特别明显地显示出来，而是会以微小的挫折感展示。这种挫折感多半仅是一种心理感受，并不一定与事情的成败有必然联系。挫折感与成就感往往是相对的，挫折感越大，成就感就越小——在连续的挫折之下，个人成就感会逐渐下降，甚至导致逆商的不断下降。

“我这辈子就没有遇到过什么挫折，一切都挺顺利的！”38岁的李唐这样说。

“这辈子我总是过得不顺心，现在，我的心志已经彻底垮掉了。”35岁的张晶如是说。

从他们的话语来看，他们的生活一定是一个天上一个地下，事实上也正是如此：李唐是上海一名小有名气的企业家，在他名下的公司有两所，年收入高达数百万。张晶现在欠下了近百万元的债务，十几个债主不停地找她，而她躲在远房亲戚家中连门都不敢出。

但事实上，两人有过类似的经历。

10年前，李唐是北京一所名校最出色的年轻教授之一，这位学院中公认的教学天才在当年毅然下海，通过关系贷款500万元投资股市。股市赔了，他欠下了500多万元的债务。而遭受这一打击后，他幡然醒悟，不再做“一夜暴富”的梦，而是转向做自己擅长的实业。经过长达5年的奋斗，他终于还清了债务与相关的利息，并为自己攒下了一份厚厚的家底。

8年前，张晶还是广东省一个小企业家，拥有豪宅名车，还有一家小型的加工厂，但由于轻信于人，她在一笔生意上亏了300多万元。将所有的资产变现变卖后，她依然欠下了近百万元的债务。无奈之下，她只得做起了丧家之犬，东躲西藏一直到今日。

亏了500万元的人站了起来，但欠了100万元的人却彻底地垮了下去。前者认为自己“这辈子没遇到过挫折，过得很顺心”，后者却认为自己“心志已经被彻底摧毁了”。这到底是为什么？

对此，国内知名心理学家许金声教授有自己的看法：“他们在逆商上的高低不同，逆商高的李唐走过了困境，而逆商低的张晶却被困境彻底吞噬了。”这种逆商上的高低，从他们面对挫折时的态度就可以看出一二来。不过，相比于从表面来看，是否有具体的方法可以帮助我们来判断一个人的逆商高低呢？

如同情商一样，逆商也有一个衡量的具体标准。为了将逆商进一步具体地量化，保罗·斯托克博士还建立了一套身处逆境中的测试表，它在业界被称为“逆境测试模型”。

“逆境测试模型”，告知你的逆商具体得分

“逆境测试模型”将逆商划分为了控制感、主动性、影响范围与持续时间四大部分，并从这四个不同的维度分别衡量了个人自我控制能力、心态程度以及对环境与周围人群和自身情绪把握的具体能力。

“逆境测试模型”评分标准

以下问题的选项皆为：

A：完全

B：大部分

C：一半

D：一些

E：一点也不

第1、2、3、4、5、11、12、13、14、15、20题，从A到E分值分别是2、4、6、8、10分；

第6、7、8、9、10、16、17、18、19题，从A到E分值分别是10、8、6、4、2分。

总分为200分，测试者需要在20分钟内将测试完成。

持续时间测试：以下测试题可以反映出一些事情对个人所产生的影响持续的大概时间。

① 经过全面的检查与搜索，你依然没有找到那份重要的东西，该事件的影响将会持续很久；

② 你的钱似乎永远不够花，该事件的影响将会持续很久；

③ 你丢了一件对你而言非常重要的东西，该事件的影响将会持续很久；

④ 你不小心将一份十分重要的邮件删除了，该事件的影响将会持续很久；

⑤ 你未能得到急需的假期，该事件的影响将会持续很久。

主动性测试：以下测试题可以反映出你在应对问题时的心态积极与否。

⑥ 你正陷入经济危机中，你是否能够改善这种情况？

⑦ 即使你知道自己应该且必须每日按时锻炼，你依然无法做到，你是否能够改善这种情况？

⑧ 你的私人生活与工作职责出现了失衡，你是否能够改善这种情况？

⑨ 人们对你提出的最新观点持反对意见，你是否能够改善这种情况？

⑩ 你的电脑系统又崩溃了，这已经是本周发生的第三次，你是否能够改善这种情况？

影响范围测试：以下测试题可以反映出一些事件对测试者所产生影响的具体范围。

⑪ 老板坚决不同意你的建议，该事件对你的影响将会非常大；

⑫ 你错过了一个重要的约会，该事件对你的影响将会非常大；

⑬ 你正在处理的工作被突然中止，该事件对你的影响将会非常大；

⑭ 在赶赴重要约会的路上，竟然一路遇到红灯，该事件对你的影响将会非常大；

⑮ 你刚刚完成的一项工作受到了批评，该事件对你的影响将会非常大；

控制感测试：以下测试题可以反映出一个人在面对问题时的自我控制能力。

⑯ 你错过了一次晋升机会，你认为自己应该为这种状况承担多少责任？

⑰ 你正在参与的会议完全是在浪费时间，你认为自己应为这种状况承担多少责任？

⑱ 你组织的活动没能达成目标，你认为自己应为这种状况承担多少责任？

⑲ 对于你试图讨论的某个重要问题，你尊重的人并不理睬，你认为自己应为这种状况承担多少责任？

⑳ 如果一个对你来说很重要的网站连续关闭一周或很长时间无法登录，这对你有多大影响？

具体分值参考

低逆商：0 ~ 59 分。

此类人一遇到事情便会有“天要塌了”的感觉，由于惊慌失措，他们只会逃避，而不会去勇敢地面对生活中的挑战，因此也往往出现做事无劲头、少信心、缺乏持之以恒的毅力的情况。

中等逆商：95 ~ 134 分。

此类人虽然有一定的逆商，但并不能充分地调动自我潜能与能力来应对困难的局面，在处理遇到的挫折与困难时，总是感觉花费了很多的精力，还不时地有一种无助感或者失望的心态产生。

高逆商：166 ~ 200 分。

此类人看问题透彻，可以将问题的前因后果分析清楚，能够分析自己所处的位置与找出尽可能有利或者减少负面影响的方案来。此类人可以经历困境逆境，而不会在心态上被击倒，并会秉承“失败了再来”的干劲。最终，由于这些人的心态向上，所以他们的行为与事业也多是成功的。

改进逆商指数，从四个方面入手

一个人若要增加自我逆商指数，就要在以下几个方面改善自己。

学会分析在困境之中，你能够在多大程度上通过自身的努力来影响、改变当前的局面，使其变得更好些；

勇敢地承担自己应该承担的那部分责任；

学会分析这种困难在多大程度上影响了你的工作、生活或者其他的方面，并在多大程度上，你还能够控制这些负面影响继续扩散；

分析出这种困难有可能持续的时间，并要对生活保持希望，更要认识到困难总是有一定时间段的，而不会永远如此。

说穿了，逆商在本质上是指出个人性格是乐观性还是悲观性的本质。悲观主义者不管是看人还是看事，都是秉承负面的看法，认为一切都是冲着自己来的，而困难是不可能有完结的一天的。悲观主义者不是在责备他人就是在悔恨自己，而接下来就是对事情彻底地放弃，这些人多半不能成功，因为他们事先将自己打败了。

相比之下，乐观主义者却会将困境看成是一种挑战。在他们眼中，困境只是暂时的，而且有其局限性，他们不会推脱责任或者指责他人，出了事情也不会过分地懊恼自己，而是会以一种“车到山前必有路”的思维方式来看待一切难题。他们将困境看成是挑战与机遇，甚至是学习的机会，由于自身对困境的理解透彻。所以，在心态上他们更能保持豁达与乐观的态度。

可以说，逆商是评估一个现代人能力高低的核心部分，同时也是重要的部分。虽然悲观主义者并不一定总是遭遇人生不幸，但相比之下，高逆商的乐观主义者往往会在人生中占尽先机。

唤醒你的逆商，便唤醒了一半的潜力

很多时候，我们都会处于自我思维的局限中。当我们经过了一段时间的努力却没有达到预期目标后，往往会灰心丧气，认定这件事情自己永远都无法办到，从而忽视了自我力量的壮大与外界情形的改变。于是，我们便将实现目标的愿望放弃。久而久之，我们便形成了思维定式，将自己套在失败的教训中无法走出来，以至于错失唾手可得的机会，最终落得人生一事无成。再看高逆商者：他们哪怕是在同样的“努力却未得到结果”后，依然保持着无畏的奋进精神。

这也是生活中的一种奇怪的现象：有些能力平凡的人由于不断地坚持与努力，使自己隐藏的能力被彻底发掘出来，并一鼓作气地达到了成功；而有些能力出色的人在遇到了困难以后立即就放弃——为什么同样的事情，反而能力平庸者更能成功？造就这种差异的，正是逆商。

雷·克洛出生于美国一个平凡的家庭，他的人生仿佛总有几分不顺利。他出生那年，恰逢西部淘金热结束，一个本来可以发大财的时代与他擦肩而过。按理说，读完中学后的雷·克洛应该去上大学。但在1931年的美国经济大萧条之后，他便囊中羞涩，所以无缘于大学。后来，他想要在房地产上有所作为，好不容易才打开局面，不料第二次世界大战烽烟四起，房价急转直下，又是“竹篮打水一场空”。为了谋生，雷·克洛的一生都在四处求职，他曾经做过急救车司机、钢琴演奏员和搅拌器推销员。就这样，几十年的低谷、不幸与逆境一直与雷·克洛如影随形，命运一直在无情地捉弄他。

虽然屡遭挫折，但雷·克洛却热情不减地执着追求着。1955年，在外面闯荡了半辈子的他回到了老家，卖掉了家里少得可怜的一份产业去做生意。这时，雷·克洛发现，迪克·麦当劳和迈克·麦当劳联手开办的汽车餐厅生意十分红火。

经过一段时间的观察，他确认这是一份极有发展前途的行业。当时的雷·克洛已经52岁了，对很多人来说，这正是准备退休的年龄，但是这位门外汉却决心要从头干起。他到这家餐厅打工，学做汉堡包。

在麦氏兄弟的餐厅转让时他毫不犹豫地向银行贷款270万美元将

其买下。经过了几十年的苦心经营之后，麦当劳现在已经成为全球最大的以汉堡包为主食的速食公司。据统计，全球范围内每天光顾麦当劳的人至少有 1800 万，年收入高达 4.3 亿美元，雷·克洛也由此得名“汉堡包大王”。

生活中处处都有困境的存在，关键在于你是否有勇敢走出困境的心。无论身处何种挫折中，只要有眼光、有勇气、有热情，你的起步便永远不算晚。人生的宽广之路总是在为那些自强不息、审时度势的人而准备着。对于那些如同雷·克洛一般敢于挑战生活、拥有高逆商的勇者来说，成功就在脚下。

逆商既然意味着个人应对困境的具体能力，那么自然，个人逆商越高，应对困境的能力也就会越强。也就是说，逆商使有志者拥有了更多通往目标的能量，而逆商的高低也往往决定了一个人具体能力上的高低。因此，高逆商者在遇到了逆境时，往往会通过个人持续不间断的努力，将自己最大的能力挖掘出来，以此来达到成功，而这也恰恰是逆商最大的力量所在。

高逆商者拥有“强者”认知

在高逆商者的心中，他们清晰地将自己定义为强者，而这种强者精神往往有这样的特点。

对成功怀揣的欲望是通往成功的源泉

一个能力出色的人若总是无所追求的话，那么他的智慧便会无处可用。高逆商者每日都对生活充满了欲望，他们对生活、未来保持着高昂的兴趣与精神，也恰恰是因为这种热爱生活的本质，使他们在遭遇了困境以后依然可以奋勇直前。相比之下，低逆商者不仅对周围的事物漠然以对，而且对生活缺乏应有的激情，遇难而退是他们最大的特点。

绝不会因为阶段性的困境便轻易放弃自己的目标

在低逆商者的眼中，他们从一开始看到的就不是成功后的喜悦，而是事件开始后的艰巨。这种从最初就生出的萎缩与畏惧心理，让他们对事件本身充满了反感，并视之为耗费时间与精力却不一定成功的事件，而这种心态很容易造成进一步否定自己。

但是，高逆商者却会通过对情境的分析做好迎接困难的准备，他们从不会奢望目标马上就能够实现，而是会将这些大目标进一步规划成细小的目标，一步步地走向成功。通过小目标达成的成功与喜悦，再大的目标也会一点点地实现。

相信自己总是可以寻找到解决问题的办法

低逆商者在遇到了困境以后，不是选择推诿、放弃就是想要依赖他人完成事情，他们从来不会发挥自我能动性来达到成功。从一开始，他们便忽视、掩饰或者放弃了积累攀登成功高峰的动力，甚至为了拒绝困境而拒绝成功的召唤。因此，低逆商者往往会没有动力而导致自我能力低下。

高逆商者恰恰相反。哪怕自己为困境所困，他们依然可以乐观地认定自己可以找到解决问题的办法。也正是这样，我们才在他们身上看到那些能够适应生活的强者作风。

逃避困境只会让我们得过且过，而一遇到困难就走开的做法，更是会让我们沦为生活的弱者。但是，直面挫折却会让我们变成强者。当我们一点点地意识到逆商的重要性，并不断地着手提升逆商时，我们最终会发现，身为强者的人生会拥有更多的快乐。

增强逆商，培育成功的土壤

若将成功比作一座山峰的话，那么，对于许多逆商不足的人而言，山峰似乎永远都是不可征服的。在面对逐渐增强的逆境时，他们往往会选择停止继续前进，随遇而安地选择一条困难较少的道路来行走。他们甚至会产生一种错误的假设：他们的小小营地会永远稳定。

但事实上，这些半途而废者在停下来、不继续向成功进发时，他们在冒着身体乃至于情感都萎缩的危险。为了保护辛苦换来的舒适、稳定的假象，他们也会牺牲自己的梦想、成就与自我实现的可能性。

宿营地自有迷人之处：在风暴来临之时，它们能够给予暂时的安全，而这种诱惑对于意志脆弱的人是强而有力的。但是，这种随遇而安的后果却会非常严重。它会让你失去快乐、消耗你的精力，令你宝贵的意志被磨灭！

出生于单亲家庭的他是一个私生子，自幼便在贫民区摸爬滚打。

童年的时候，他除了上课之外，还要为生活与学费四处奔波；早晚帮人送报，周六的时候帮人卸货车，周日则到游乐场打工。在 14 岁那年，他告别了心爱的学校，到一家罐头厂当童工。

年少的时候，他曾经对自己的姐姐说过一句这样的话：“不到 40 岁我决不会结婚。我要有一座大房子，我要在其中一个房间里面堆满书。”

他对航海探险有着由衷的热爱，15 岁那年，他成了一个小海盗。16 岁那年，他便以船长的身份与另一个女海盗头头出海进行掠夺，成了整个队伍中最年轻的人。在这段时间里，他最喜欢做的事情便是喝得酩酊大醉，或者选上一摞书，将舱门锁上，一个人躺在床铺上读。

他厌倦这种颓废的生活，他曾经选择过死亡，后来被一位渔夫所救。

在结束了醉生梦死的生活之后，他加入了渔场巡逻队，并曾经独自赤手空拳地面对过一支枪与 16 把刀的威胁，并最终取得胜利。

18 岁那年，他开始流浪，并成为当时最伟大的“流浪王子”。

他扒过火车，在寒冷的冬日里，他曾经多次露宿于铁路旁的树木中。在那些到处流浪的日子里，他只能靠乞讨为生。

他信仰社会主义，并对仁慈有着自己的理解，他心中的行善是指同甘共苦，而不是施舍。

19 岁那年，他又与另外 3 个伙伴带着三人所有的家当——8000 磅的食物，开始了北极圈淘金生涯。由于付不起运费，4 个人足足用了 3 个月的时间，背负着沉重的物品往返于山地间。但是最后，淘金梦无情地破灭了。几个人坐上无篷船，在海上漂流了 19 天，行了将近 1900 英里的路之后，才被一条轮船所救，最终返回了家乡。

他最大的理想是想要做一名作家，为了实现自己的这个愿望，他一度靠着典当度日，而他唯一可以当的东西，也不过是一辆破自行车而已，等挣了钱之后再将自行车赎回去，这样的反复构成了他的前半生。

他用以谋生的职业是出海做一名水手，几个月返回一次，攒些钱后开始写作，待用完之后再去出海。除了饥饿之外，他面临的最大烦恼是时间。为此，他一天只休息 5 个小时，余下的 19 个小时则全部用在了学习和写作上。

贫穷带给他的不仅仅是耻辱，有一次，他的作品得以发表，但是由于一文不名，他只能站在邮局外面，看一下发表自己作品的杂志。

他的坎坷远远不止这些，而我们的叙述只不过是刚刚讲到他生命开始的二十几个年头而已。现在，他的名字已经广为人知了——杰克·伦敦，一个永远拒绝在困难面前低头的人。

随着年龄的增长，通往成功的道路也会越来越坎坷。在成功的道路上，你甚至可能会被如同山崩一样一系列变化的巨石所阻塞，被恐惧的洪流所冲刷，被激烈至白热化的竞争所炙烤，而曾经失败过的经历也会适时入侵，对你进行侵蚀。但逆商高如杰克·伦敦者清楚地知道，自己唯一的选择便是坚持。

如同杰克·伦敦一样的人就如同是虔诚的人生高峰攀登者，他们始终坚信，通过某种办法，一定可以让自己走出困境。即便在攀登的过程中，会遇到很多的死路，但他们依然会坚定无比地怀揣着希望，重新开始寻找另一条路。当然，这些逆商并不是天生就有的，也不是只有在危机时刻才被逼迫出来，它们就如同土壤中的营养成分一般，随着我们自身的成长而不断地丰富与加强。

成功如同一棵树，逆商是决定树能否顺利成长的土壤

逆商是成功最关键、最基本的因素，是营养丰富的土壤，它决定你的态度、你的能力、你的表现程度。在低逆商的困扰下，所有的才华和欲望都将毫无作用。

如果一个人的逆商很低，那么他将缺乏克服逆境的能力，他的潜能将会被扼制。相反，如果他的逆商特别高，就可以成功，就像松树能在山岩上生长。因此，不管面临多么大的困难，逆商对于释放我们各个方面的潜能有着至关重要的作用。可以说，一个人能否最终挺过难关，逆商是一个决定性的变量，能否战胜逆境是由一个人的逆商决定的。

逆商，决定你的成功之树是否能够深植于土壤

对于个人成功来说，逆商影响着如才华、欲望、表现、品德甚至是健康等成功的各个相关因素，它是成功的土壤。否则一切的才华、健康、智商与能力，都会因为没有根基而失去存活的土壤。这就是如同松树一般：如果树长在松软的沙土里，那么即使它再努力，这棵树也经不住风雨的袭击，它将被连根拔起。相反，如果一棵大树扎根于丰沃的土壤中或坚实的岩石中，那么即使有再大的暴风雨，大树仍然能够岿然不倒、傲视风霜。

通过积极的行动，增强个人逆商

既然逆商决定了我们的成功之树是否能够长久而牢固，那么如何做，才能提升自己的逆商呢？心理学家为我们提供了三点建议：

多动手，少动口

通常情况下，低逆商者往往会不停地抱怨命运，而且将问题全部归结到他人身上。高逆商者往往会直接付诸行动，因此当我们碰到不如意的事情时，首先我们要做的是停止抱怨。

多乐观，少悲观

时刻保持一个乐观的精神，是获取成功的不二法则。逆商高的人遇到挫折，先问自己："现在有什么是可珍惜的？"换句话说，在挫折中找优势，并把它转化成进步的助力。

将当下的不幸，变成日后的"幸亏"

塞翁失马，焉知非福。逆商高的人能将当下的不幸，变成日后回顾时的"幸亏"，也因此他们往往能够最终走向成功。

或许你之前在逆商方面表现不佳，但值得庆幸的是，逆商是可以通过后天学习得来的。为了让自己向着更成功的人生迈进，是时候使用逆商来武装自己了！

第二章 认知逆境：坚守！所有不顺都在控制之中

顺境需要情商，逆境需要逆商，相比于顺境，个人应对逆境的能力更能够体现出一个人的生命价值。你是在努力过后发现无望便退缩，还是继续坚守以求获得再一次的成功？逆境是人生常态，而你的心理与人生在选择坚守还是退让的过程中呈现出相应的变化。

幸福非常态，逆境却时时在

人生难免会遇到挫折，这本身就是不可避免的，而挫折有着正面与负面两种影响：它既可令人走向成熟，获得成就，也有可能破坏个人的前途。失去了河床的冲刷，便不会有钻石的璀璨；没有了挫折的考验，便不会有不屈的人格，也恰恰是因为有了挫折，才会有懦夫与勇士之分。

幸福并非人生中的常态，相反，逆境才是。一切正如英国哲学家培根所说过的那样："超越自然的奇迹多是在对逆境的征服中出现的。"

维克特·弗兰克尔是20世纪最杰出的心理学家之一，而他还有一个鲜为人知的身份：纳粹集中营的幸存者。

在第二次世界大战期间，身为犹太裔心理学家，维克特被关进纳粹集中营，他的遭遇极其悲惨，他的父母、妻子与兄弟皆死于纳粹之魔掌，只剩下了一个妹妹，他本人更是受到了严刑拷打，整日过着朝不保夕的生活。

有一天，他赤身独处囚室之中，忽然有所领悟，并产生了一种与以往截然不同的全新感受——日后，这种感受被他命名为"人类的终极自由”。当时，他只知道，这种自由是纳粹永远不能从自己的身边剥夺的。从客观环境上来看，当时的他完全受制于人，但自我意识却始终独立并超脱于肉体的束缚以外。他可以自行决定外界刺激对自身的影响程度。换句话来说，在外界的刺激与身体的疼痛之间，他发现自己还有选择如何去反应的能力与自由。

随后，维克特开始在脑海中设想各式各样的情景，比如，在获释以后要如何站在讲台上，将这一段从痛苦的人生经历中学得的宝贵教训，传授给自己的学生。

凭着想象与记忆，他不断地对自己的意志进行磨炼，直到心灵的自由最终超越了纳粹的禁锢。他的这种超越也感染了其他囚犯，就连狱卒也为他的坚持所惊讶。他协助狱友们在苦难的现实中去寻找活着的意义，并重新找回“生而为人”的尊严。

处在最恶劣的环境中，维克特运用难得的自我意识天赋，发掘了人性中最为可贵的一面，那就是人有“选择的自由”，这种源自人类天赋的特点，使我们哪怕身处困境之中，也可以在拥有自我意识以外，还能够拥有想象力来超越现实；有认知能力来辨别是非与善恶；有独立意志可以不受外力影响，自行其是。

维克特的例子证实：个人的行为取决于个人本身是否拥有足够的心理弹性，而不是外界环境。换句话来说，哪怕外界困难重重，我们也有能力、有责任为自己创造出有利的外部环境——哪怕你现在身在如维克特一般的苦难之中，你也可以并能够通过努力，克服外在的困难，最终战胜看似不可克服的困难。

意识到心理弹性的存在

纽约哥伦比亚大学的心理学教授乔治·伯纳诺将自己的一生都用

在了研究“心理弹性”上。这是一个源自物理学的概念：一些物体在外力的作用下发生了变形，一旦外力撤除，便可恢复原状。人的心理同样如此，在遇到了变故或者逆境的时候——不管是亲人去世、突然患病还是天灾等，大部分人在最初都会体验到一种迷茫与深刻的震惊，并出现暂时性的创伤反应，比如睡眠困难、噩梦、记忆闪回等。但在 1 ～ 6 个月的时间内，大部分人都可恢复到正常的身心状态。

伯纳诺教授认为，心理弹性就如同是一种精神上的免疫系统一般，它与身体免疫系统最大的相似之处就在于，两者都是专门为短期、即时的威胁而设计的急性系统。身体免疫系统应对的是突然入侵的细菌、毒素，而心理免疫系统应对的则是突如其来的心理压力以及其所造成的如悲伤、焦虑或恐惧一类的情绪反应。

针对时常出现的挫折，有效保护自我心理弹性

类似于创伤的反应在短期内会逼迫我们去思考发生了什么，并从逆境中去学习。不过，在长期的压力面前，心理免疫系统的有效性便会大打折扣——日常的挫折与长期的损耗激发的不是恐惧，而是抑郁。在我们身处的高压时代，你买不起房子、付不出房租，甚至是找不到好工作，都会导致你的大脑经常性地警铃大作，伤害到与记忆、情绪相关的神经细胞，令身体与情感同时受到伤害。

比起突如其来的困境，长期的小挫折所带来的心理挫折更有可能让一个人精神崩溃。针对这种长期的受挫现象，伯纳诺教授给出了一些解决的办法。

建立符合自身情况的目标

我们每一个人都有自身的优势与劣势，应该在全面了解自我长处与短处的同时，充分发挥自己的优势，使自己的劣势努力地得到改进，建立起符合自己客观实际水平的奋斗目标。

诚实而平静地对自己的过失进行检讨

犯错是人生中不可避免的场景，同时也是人类探索过程中的天性，想要在社会中有所作为，不犯错误是不可能的。重要的是，个人要以怎样的态度去面对自己所犯下的过错。我们应该坦诚地面对自己的失误，在及时弥补的前提下，让自己在过失中吸取教训，不再重复错误。

别将与他人比较作为衡量自己的唯一标准

我们习惯于将自己所得到的东西估价过高，或者是过分地羡慕他人拥有的东西，但这样并不会让我们有宁静的心情。事实上，只有将自己放在外界事物上的过多精力收回来，令力量转而投向自己的内心，努力地培养起精神上的自主性与独立性，建立起自己的为人标准与处理原则，而不是将跟他人的比较作为衡量的唯一标准，才能获得内心的平静。

学会自我接纳

自我接纳是获得主观幸福感的因素之一，而这种接纳需要建立在对自己进行全面而客观的认识基础上。只有摆正了自己的位置，正视了自己的优缺点，并接受自我、欣赏自我，在此基础上去发展自我，不断地完善自我，人生才有可能获得更美好的未来。

坚强的信念与理想

在生命的旅途中，我们常常会遭遇各种失败与挫折，甚至陷入某些意想不到的困境。此时，信念与理想就如同心理的平衡器一般，它可以帮助人们保持平稳的心态，防止我们因为在挫折中受打击时间过久而偏离人生的轨道，进入负面的心理暗示。

最重要的是，不管面对何种挫折，我们都应该给自己的伤痛加一个期限，告诉自己，在这个期限以内，我可以无尽地低落与消沉，可一旦期限到达，我便不再需要疗伤了——即使伤口还在，它也不能妨碍我的前行。

时间的确是一服良药，它能够在不知不觉中将我们的伤口治愈，但这种治愈并非简单地随着时间而忘记，而是在生活阅历不断累积的过程中，使自己的心变得更加豁达。

你的所有坚持都是在积累成功的成本

我们奋斗在不可能一帆风顺的人生旅程中，与天斗，与人斗，本不应轻易服输，然而，很多时候，面对恶劣的环境与天灾人祸，面对困境与挫折，那些心理脆弱的人往往会在内心先否定自己，然后自己选择放弃与失败。

身为美国著名民权运动领袖，马丁·路德·金对挫折有着别样的看法："如果你不能飞，那就奔跑；如果不能奔跑，那就行走；如果不能行走，那就爬行。但不管你做什么，你都要保持前行的方向。"人生是一条漫漫的百年长路，在这段旅程当中，可以脱颖而出并不是因为你走得快，而是你能够走多久。

有关挫折中的坚持，英国有位作家的故事颇有代表性。

英国一位名叫约翰·克里西的现代作家，年轻时，他勤奋写作，但却受到了接二连三的沉重打击——在前三十年间，他连续收到了七百四十三封的退稿信。面对友人善意的嘲笑与那些劝他"换条路"的好心人，他总是摇头："不错，我正在承受人们所不敢相信的大量的失败的考验。若我就此罢休，所有的退稿信都将变得毫无意义。一旦我获得成功，每一封退稿信的价值都会被重新计算。"直到他逝世为止，约翰·克里西一共出版了多达五百六十四本书——无数挫折因他的坚持不懈而变成了惊人的成功。

成就大事固然与坚持密切相关,点滴小事也需要坚持。不管是长跑、练书法、打扫房间还是早起念英语，表面上看起来都是小事一桩，不做关系也不大，但若你试着督促自己每日去做，日积月累，你得到的就可能是健康的身体、漂亮的字迹、整洁的环境、地道的英语口语。每日坚持一点点,收获都会令你欣喜不已。坚持,本身就是成功前的一种状态。

为了将希望变成现实，在挫折与困难面前，我们都应该学会坚持。而想要坚持，我们就必须拥有意志力。

意志力是在实现目标的艰辛人生旅途上不可或缺的品质，在宾夕法尼亚大学一系列研究中，心理研究人员发现，那些拥有意志力的人更容易在学业、工作与其他的方面获得成功。这也许是因为他们更富有激情，更忘我投入，才能够真正地将漫长人生道路上不可避免的绊脚石扫除。换句话来说,战胜挫折不仅要靠才能,更要拥有一种个性、一种精神,就如同心理学家马丁·赛李曼所说过的那样：“如果没有意志力，除非你是天才，否则是不会胜出的。”

但意志力并不是凭空而生、用之不竭的，有关它与坚持的真相，我们必须要多了解一些。

你的意志力是有限的

心理研究证实,意志力是有限资源。当你下意识地抑制自己的冲动、想法，下意识地做出决定、抵制诱惑、全力以赴时，你就会逐渐地疲惫。这种意志就会耗尽，你便无法积蓄下一阶段所需要的意志力。

睡眠可以恢复你的意志力，就如同恢复你的其他精神一样。还有迹象表明，运动与冥想也可以提高你的总意志力。这不足为奇，因为运动与冥想能够提高许多的精神活动。总之，在遭遇了困难与挫折时，你必须要多放松、多休息，只有这样，你才能够在自己有必要使用意志力的时候，不至于没有意志力可以使用。

记住，是什么激励你开始行动的

你为了一个好的理由才开始行动。或许你是想要减肥，或许你是感觉自己的生活急需改变，又或者是你认为自己值得更好的生活。不管是什么激励你开始的，它都是一个重要的理由，一个推动你进一步前进的理由。因此，你应该时刻将自己预想到的最终结果记在脑海里，时时回想。

了解这样的事实：任何有价值的东西都不是白给的

“在这个世界上，只有那些努力、痛苦以及困难的事，才是真正值得拥有与去做的。我从未在我的生活中羡慕过一个过着安逸生活的人。我羡慕过许多过着不易生活却活得很好的人。”这段话是美国总统西奥多·罗斯福曾经说过的。虽然已经过去百年之久，但这段话对我们依然有借鉴意义。

如果它值得拥有，那么它便值得付出努力与痛苦。这是显而易见的。如果你不愿意付诸努力，离开你的舒适地带并且拥抱痛苦的话，你永远不会获得自己想要的结果。你会过着你自己的舒适生活，但你终将成为一个失败者——你或许并不喜欢这样的话语，但这的确是事实。在这个世界上，每一个成功者都要通过坚持与努力走过困境后才能得到上天的眷顾。

记住你在获得了小小的成就以后感觉有多好

如果你想要放弃，只要想一想当你每克服一丁点的困难后，那种在你大脑里面不断出现的绝妙感觉即可——这或许是这个世界上最美妙的几种感受之一了。

经证明，经常性地回味克服困难时的快乐会大大缓解压力、改善睡眠、提升自尊，还可以治疗焦虑症与忧郁症。牢牢地把握那种愉悦感，并在每一次当你想要放弃奋斗或者不再去攀登困难时去回忆它。

明白小小的成功可以增强你的自信并从各方面改善你的生活

除了你的事业与人生会有微小的进展，在面对挫折时的坚持还会为你的自尊带来惊人的好处。当你懂得坚持时，你会更有自信，更满足于你的生活，不再那么紧张，不再那么容易变得焦虑与沮丧，并且可以单纯地自我感觉良好。

人们总是想方设法去寻找各种方式来提高自尊，使自我感觉更美好，其实一切都已经在他们的生活中触手可及。只需要面对困难时学会坚持下去，那么，你的人生将会变得更自律、自信与自立。

千万不要成为那个一旦情况变得艰难时就放弃的失败者，证明给自己看你拥有这样的力量，那么，你自然会成为一个成功者。

逆境，只是因为你暂时还没有成功

在一项有关于“面对人生前程”的调查中显示：人们一致认为，由于未来的竞争将会越来越激烈，生活的压力也会越来越大。这种挑战与压力会令我们随时随地遭遇逆境。若种种逆境都是无法回避的，那么，我们又将如何面对呢？单纯地以灰心、绝望等消极情绪来应对，还是消极地悲叹命运是多么不公？

所有的情绪都是一种心理状态，都是可以被掌控的对象，消极的情绪也不例外。事实证明，那些能够被自己的情绪任意摆布的人是不可能成为一名成功者的。就如同那些智商很高但逆商很低的人，他们在生活中往往会在逆境中形成“逆伤”。这种逆向伤害不是由外界赐予的，而是当他们在面对命运赐予的不公时，首先会被自己的消极情绪所支配，从而导致萎靡不振，最终自己一生的幸福都被圈定于一次失败或不顺导致的逆境中，怎么都爬不起来。

事实上，逆境只是因为你暂时还未成功，而当你成功以后，它便会成为你人生中别有风味的经历。唯有辩证地对待逆境，逆境才会将我们引向成功的殿堂。

如果一个人将 80% 的注意力都集中于自己或者世界上的逆境所带来的消极面上，那么，这个人在生活中占上风的机会明显不会太大。时间久了，这些人也会因为将注意力集中于逆境而非逆境所带来的机遇，其内心也会苦不堪言，在抱怨中变得越来越消极。

很多时候，低逆商者在看到了人生路上无法规避的挫折与困境时，他们非但无法做到超越，而且还会让挫折与困境变得如同瘟疫一般，延伸到生活的其他方面去。最终，不仅在命运给予的挑战书前败得一塌糊涂，而且还丧失了生活的自信，使自己陷入了无限的懊恼之中。

为了让自己远离此类的懊恼，我们就必须要学会接受：万一命运赐予了我们一个“酸柠檬”，那么我们不妨好好地去接受。当我们的生活被不幸的遭遇分割得支离破碎的时候，只有时间的手才能够将这些碎片捡起来，也只有当我们充满乐观地去看待这些碎片时，我们才能够一一再次将它们拼起来。

仔细地想清楚自己面对的处境

在决定接受生活给自己的“酸柠檬”，并打算从中榨出美味的柠檬汁之前，你应好好地思考一下，问一下自己：“面对这样的情况，我还能做什么？”有时候，你需要去明白自己拥有哪些权利。因为只有明确了自我的权利，你才能更好地发挥力量。请相信，过往的经验与你所拥有的知识将会赋予你力量，然后，你要将那些不切实际的选择抛弃掉，并避免比眼下的境况更差的选择。

接受那些无法逃离的困境

若你已经决定任其自然发展、自己不作出任何改变的话，那么，你便要试着去接受不完美的现实与当下。同时，你也要平息自己的怨气，因为有时候生活就是如此无奈，你能做的，就是接受这种无奈。

经常进行重复性的思考

生活时有变化，你可以在这种变化中进行周期性的考虑，考虑的内容主要是自己所面对的处境的可选方案。随着时间的流逝，是否有些因素发生了改变？如果这种改变是对你有利的，你当然可以充分地利用起来。但是，如果你在进行了再次的思考以后，发现你的可选方案依然不会带来好的结果，更不会带来丝毫的改变，那么，或许维持眼下的状态，并让自己尝试着去喜欢上这种状态是最好的选择。

找到自己独特的宣泄方法

身处困境中时，我们往往会陷入负面的想法困扰之中。想要停止那些能引发消极情绪的想法，你便应该想一些愉快的事情。而且，遇到麻烦事时，每一个人都会有自己的独特方法来进行情绪的振奋，而且，这些方法往往对个人极为有效。有些人喜欢吹口哨来缓解情绪，有些人喜欢唱歌，有些人喜欢通过写作来发泄不良情绪——这些都是有效的方法，可以帮助个人很好地应对生活中层出不穷的麻烦事。

找一个鲜活的榜样

我们都曾经经历过向榜样学习的年代，在自己的身边寻找快乐的榜样，同时让自己向他们学习，也是抗击逆境的极佳方法。比如，你的朋友，他一向乐观积极、精力充沛，并善于在困境之中自救。这时候，你完全可以将他当成榜样！你或许会认为："他可以做的，我也能做！"可是，你们做事的方式总是有着不同之处的，你可以向他成功的方面学习，并从他的积极的行为中，发觉自己从来没有注意到的自我优势。

走出逆境并从逆境中获得成功并不是一件容易的事，而你的某些行为也有可能会让自己再一次走入新的困境中。但事实上，只要你能够始终保持积极应对的心态，那么，你的逆商最终会获得新的提升。

最坏的时刻，往往是你最好的起点

美国著名励志大师戴尔·卡耐基曾经如此评价逆境与人生：“与我们中的多数人所认为的‘顺境才是人生’相反的是，逆境才是真人生。留在顺境未必时时快乐，但你迈过逆境，人生必会获得真的精彩。”这位深受乐观主义思想影响的智者一语道出了自己在看待逆境时的态度：在通往理想的道路上，总是会布满荆棘与荒原，失去了千锤百炼的磨难，便不会有来日成功王冠的辉煌与璀璨。

世事无常，我们每一个人都有可能遭遇困厄与挫折。遇见生命中不期而至的困难时，我们应该去相信自己会有一个无可限量的未来。挫折和成功像一对孪生兄弟形影不离，每一次的挫折都可能孕育着成功的种子。有远见的人不会为眼前的困境而恐惧，他们在不断前进的人生中能看得到未来。因为明天的方向已经留存于他的希望之中，他知道自己的人生将走向何方。

于格·德·蒙达朗拜尔出生于法国世袭了800多年的贵族世家，少年时，他便已经博览群书，精通绘画，在大学时，他进行了法律专业的学习。从25岁开始，于格抛弃了优越的生活，独自一人闯荡世界，并成了才华横溢的画家与导演。

1978年的一个深夜里，于格在自己位于美国纽约华盛顿广场旁的家中遭遇了不幸：两名入室抢劫的歹徒将硫酸泼向了他的眼睛，在巨大的疼痛烧灼中，“世界开始变得如同上帝一样不可见了……”那一年，于格才35岁。

疼痛的煎熬、巨大的愤怒、对黑暗世界的恐惧、对未来的焦虑与迷茫，一直困扰着于格。在遭遇不幸以后，朋友们各奔前程，他的社交圈大大地缩小，就连独自出门都无法办到，只好一个人在房间里面待着。

在经受着肉体与精神上的双重折磨时，这位双目失明的艺术家开始回味过往的人生岁月：“在受伤以前，我四处绘画，整日写生，过于忙碌的生活节奏，让人忽略了对人生、对生命意义的思考。”面对着生活的惨剧，在经历了大半年的痛楚时光后，于格开始对“生而为人”的意义进行反思。

随后，他渐渐地发现，其实一切并没有自己想象的那么糟糕。“生活中，还是有许多可以让人大笑的理由存在的。”从此，于格将努力做一个正常人当成了自己人生的目标，并立志要让生活再次充满阳光。

与不幸的命运展开顽强抗争的过程中，于格接受了各种各样的“再教育训练”，在手杖与指尖的帮助之下，于格不断地锻炼自己去学会写作、驾车、授课、攀岩……他努力地去寻找新的空间，不断地展示自我生命的张力，以全部的身心去适应周围的生灵与事物，让自己尽力去倾听城市的发展气息，让自己去尽力感受大自然的美好。

此后，一颗热爱生活的心开始了更铿锵有力的跳动，于格以自己的亲身经历与遭遇不幸后对人生产生的思考告诫世人：“对一个人而言，失去光明不可怕，最可怕的是将挂在心中的灯盏熄灭，从此再也无法点燃。”

逆境成就了天才，还是天才热爱逆境？对这个问题，恐怕连最富有人生经验的哲学家也无法说清。但是，我们可以看到的是，被称为西方文艺史三大怪杰的弥尔顿、贝多芬和帕尼尼，竟然一个成了盲人、一个失去了听力、一个变成了哑巴。或许，这正是上帝所谓的“搭配论”早已算计好的。在这场算计中，逆境成了一架梯子，对于强者而言，它通往成功的殿堂；对于弱者而言，它是连接黑暗的地狱。

的确，有时候我们根本无力改变我们的人生道路，但是，在任何时候，我们都可以选择我们的人生态度：最坏的时刻，或许就是我们最好的新起点；以怎样的态度去面对人生，便会获得怎样的人生轨迹。

面对不幸，特别是那种个人力量一时无法扭转的命运类苦难时，让自己保持平和而乐观的生活态度，这并非盲目的乐观，而是源于内心对未来的坚定信仰，相信生命中总会有美好的事物。

在这一过程中，困境本身并不一定会让我们变得坚强，它也有可能会令我们更加消沉、更加愤怒、更加狂躁。令我们变得坚强的，是我们面对不幸时的心灵，当我们可以正视不幸、明白不幸的真实含义时，我们才有机会从不幸中学习到更多，并逐渐获得成长。

永远抱有希望

所谓的生存勇气，往往只有希望才可以给予。正如十字架殉难的真实意义来自神圣之爱与希望一般，不懂得希望的重要性，便无法理解个人存在的意义。

在遭遇逆境时，让自己抱有希望，即使一次次地经历了失望，也不应让自己放弃寻找希望。人生的不可预期性，本身就是笼罩在人类头顶无法驱散的存在。也正是因为如此，我们才会对未来充满期待与向往，而这种期待在遭遇了不幸之后也不应消失，因为希望往往会出现在尽最大努力来完成一次全力以赴的自我创造中。

成功与幸福的人并不是从未遭遇过逆境的人，而是身在逆境之中还能够积极地往成功之路上不断迈进的人。不管是工作还是生活，我们都不应该将自己禁锢于眼前的困苦中。当我们能够在最坏的时刻去预期未来展现出的美好愿景时，我们便能够抓住信念的圣火，成就辉煌的目标。

逆境中，守护自信远比渴望成功更重要

在这个世界上，永远不会存在铺满鲜花的平坦大道；相反，风雨坎坷是在所难免的。当你事事不如意、处处碰壁的时候，叹息、无奈、忧愁之感时时缠绕于你。然而，越是在这个时候，就越要避免自身的自卑心理，这样的心理非但于事无补，反而会造成事情的恶化。

命运的磨难，往往最容易看出一个人的气节。逆商卓越的人最大的优点就在于，他们在不利的艰难与遭遇中会表现得百折不挠，而这种百折不挠往往会使他们在厄运之中迎来奇迹。

一个人，尤其是一个时常经历挫折的人，他们内心的自信心很容易遭受打击。然而，如果每当这个时候都能够给予自身自我鼓励的心理暗示，那么，就能够在自我鼓励中汲取自信，从而更好地处理问题，成功地转逆为顺。

拥有自信，才能够拥有实现自我的勇气

心理学认为，实现自我是每个人的最高需求。然而，在挫折与困境面前，大多数的人往往会成为一个弱者，一个需要别人帮助的弱者。其实，这个时候若能够在自救与互救中实现自身的人生价值，那么，就能寻回丧失的成就感，唤醒“我可以”的意识，重树自信与勇气。

也许，一时的挫折和困难会将你当时的生活毁掉，但与此同时，也代表生活又向你提出了新的要求、给予了你新的目标。一个人若只能看到前者，便会被焦虑、沮丧、挫败、无助的心理所包围，从而丧失前行的斗志；但如果在看到前者的基础上又看到了后者，那么，它便可以令人重拾信心、获得新的希望，从而化沮丧为动力，努力实现自己的目标。

做到这些，在逆境中保持自信

通常，人们在顺境中总是显得那么得心应手、心情愉悦，而且很容

易就能获得成功。但需要明白的是，无论是学习、生活，还是工作、事业，过程都不可能是一帆风顺的，一不小心就有陷入绝地、遭遇逆境的可能。

不幸的是，逆境面前，在胜负未分的情况下，大部分的人都自动缴械地屈服于逆境表面的可怕之下，内心的自信心顷刻间就消解殆尽。所以，人们应对逆境的能力越来越低，应对逆境时的自卑心理也愈演愈烈。在挫折、困境面前，他们无能为力，更无法调整好自己的心理状态，继而就无休止地出现严重的不良情绪，甚至不堪重负而做出极端的行为。

所以，提高自身应对逆境的能力，就成了一个人消除不良情绪、提高生活质量所必需的素质。如果你想拥有快乐、成功的人生，那么，就应该消除自身自卑感，以更好地提升你的逆境商数。

接受现实

某些人在面临不幸、挫折等逆境时，总是无法正视、接受现实。这样不仅无益于问题的解决，也会让自己陷入情绪的恶性循环中。所以，唯有学会接受，才能为应对逆境开一个好头。

分析原因

在接受现实的基础上，你要做的就是分析、比较、寻找导致挫折的原因，以便有的放矢地加以避免和克服。找到原因有助于你走出低谷，而且，在对自我审视的过程中，你的心情就会有所好转，继而增强战胜逆境的自信心。

制订计划

应对逆境，制订一份周密详细的计划是十分有必要的。对一个面临逆境的人来说，如果只会在逆境面前抱怨、苦恼，是无法走出去的。相反，若能够静下心来为自己制订一份合理、实用的计划，就能更进一步地增强自身自信心。

抱有希望

面临逆境，如果个人过于悲观，将其看作灾难般无力挽回的话，便会使你更加自卑。但如果乐观对待，无论结果如何，永远燃起心中的希望之火，那么，就能因这份希望而信心倍增。

控制不良情绪

在应对逆境之时，产生不良情绪是很正常的，毕竟谁也不想遇到它。但是，如若长期遭受不良情绪的困扰，就会慢慢地丧失自信、缺乏斗志。相反，若能够及时予以控制，调整好自己的心态，就能重拾自信，为走出逆境增添一股巨大的力量。

进行自我激励

如果你在应对逆境之时出现了自卑、胆怯、悲观等的心理和行为时，就应该给予自己猛烈的一击。要知道，这样的心理不仅无济于事，反而还会毁掉你的一生，断送你的前程和事业。所以，一定要适时地进行自我激励，让自己重新站起来，从而很好地走出逆境、获得成功人生。

立即行动

曾任英国首相的本杰明·笛斯瑞利曾说："虽然行动不一定能带来令人满意的结果，但不采取行动绝无满意的结果可言。"可见，行动是一个人走出困境、重新崛起的唯一途径。对于逆境，不论你分析得再透彻，决心再强烈，也不管你的不良情绪怎样不受干扰，没有了行动，你的处境永远都无法得到改善。

老子曾说："祸兮福之所倚。"逆境到来时，不能上来就先认为自己输定了，而要信心百倍地迎接这一挑战。人生，可以说是一个竞技场，人们时时都在成功与失败中兜转，但我们必须要明白：越是这个时候，就越需要自信面对，因为"狭路相逢勇者胜"。

第三章　修炼逆商：获得改变命运的精神力量

失败与不幸所带来的最可怕之处，在于它们会设置种种陷阱，让人掉入：你可能知难而退，也可能中途而止，甚至彻底放弃成为一名“攀登者”。但事实上，当你懂得利用“逆商”这一行之有效的工具去增强自我身处逆境的能力时，你会在急剧变动的社会环境中变得更有竞争力、创造力与生产力。

接受逆境：别发动一个人的战争

一件事情没有做好，另一件事情又没有做好——接踵而至的挫折往往会将我们好不容易树立起来的信心彻底地打败：压力就如波浪一般滚滚而来，好不失败！烦躁不安的情绪也会随之展开：我是不是一个失败的人？

在这时候，我们往往会因为自身的挫败而无法顾及其他的事情，比如人际关系、事业与生活。此时，我们能够感受到的只有自己的失败，因为人在困境之中就是如此匮乏。

挫败感往往会让我们有很多话要说，那就是对自己的愤怒：那一刻，我们会恨自己的无能。而在这种情绪之下，我们又会产生无数的委屈：好想有外界力量介入，将自己拉出困境。只是，在这种时候，心想事成往往只会沦为一厢情愿。

杰克是英国一位著名的登山运动员，他曾经攀登过世界最险峻的高峰——阿尔卑斯山的主峰。他年轻时，曾加入过一支并没有实战经验的野外登山队。在向主峰发起最后的冲锋时，他们遭遇了一场可怕的暴风雪，而暴风雪又引发了雪崩——在同行的七人之中，六人遇难，杰克是唯一的幸存者。

此事发生在24年前，此后24年的探险生涯中，杰克再也没有挑战阿尔卑斯山主峰的想法。

如今，他接受了一群登山爱好者的邀请，这些年轻人期望他可以向自己讲述一下当年那段可怕的经历。时光已经带走了痛苦，在讲述那些可怕的瞬间时，杰克非常从容，当他说起如何在冰峰上进行自救时，他介绍了这样的方法："伙计们，一旦发生危险，你们什么也不要做！只要将自己的眼睛闭上就好了！"

他的话音刚落，所有的队员发出了嘲笑之声。

但杰克却并不以为意，而是一本正经地继续解释："或许你们不相信，当年，在遭遇到了暴风雪时，我与其他罹难的队友是一起往下撤退的，当我们走到半山腰时，我们确信，自己已经安全了。可是，山上的雪崩发生了，可怕的雪块铺天盖地而来，我们毫无办法，并且无路可逃。当时，我闭上了眼睛，呆呆地站在原地。我想，自己肯定会死在这场雪崩中，然后，我开始祈祷。可是，最后什么也没有发生，雪只是盖到了我的腰部就不再下落了。

"可是，我的朋友们却全部罹难，他们并非死于雪埋，而是死于可怕的缺氧——在雪崩发生时，他们往山下不断地狂奔，氧气瓶中的氧气就这样被耗尽了。"

年轻的队员都愣住了，他们从来没有想过，事实竟然是这样的。

杰克说："遇到危险，逃生是我们的本能，可是，在恐惧降临的时候，我们经常会忘记常识，忘记那些最基本的生存方法。所以，今天，我想要给诸位一个忠告：若你们去攀登高峰，请牢记常识，当一切都已无法抗拒时，请闭上眼睛，默默地祈祷吧！"

与杰克相比，在暴风雪中遇难的队友显然发动了一场与自己的战争：在危险之中，我们本能地以为抗击、永不放弃才是唯一的出路，但事实上，有些常识一直存在——当一切都已成定局时，我们需要做的只是接受当下的苦难，默默地闭上眼睛。

在这个浮躁的社会中，太多人喜好争强好胜，他们往往认为，既然做了，就一定要将事情做到最好，就一定要获得最好的东西，一定要战胜暴风雪，一定要赢得成功，一定要获得他人的瞩目。但是，越是这样想的人，反而逆商更低：他们因为怀抱了更大的希望，所以往往在失败的时候会面临更大的失败感。而这种失败感往往源于与自己的较劲。

想要摆脱这种因过往的不幸或者挫折而导致的心灵战争，我们就必须要从接受逆境与失败开始。

建立意识：我允许自己做不好

大多逆商低的人并不是因为不渴望美好的生活，相反，他们反而是因为太过于渴望美好生活，而导致自己无法接受努力过但仍不好的生活。想把事情做好，想将关系维系好，想成就一个优秀的自己，这是人类的本能。希望本身是人类最美好的事物之一，充满了希望便拥有了动力。但是，希望从来不应该成为一个压力，让自己窒息。

你有向上的动力，你渴望做好，你渴望优秀，你渴望顺利地完成任务，你渴望维系好关系，你更渴望以做事时时时顺利来证明自己……这些都无可厚非。你完全可以通过给自己制订计划，制定目标，让自己可以更好地利用规划的路线来达成。

但是，期待的出现、计划的具体制定，是人类为了实现更好的自己而产生的，而不是为了成为先天的要求来压迫自己的。并不是制订了计划就绝不允许修改，并不是设立了目标就绝不允许失败，并不是做了事情就绝不允许自己做不好——更不是你没有做好，就代表你的人生是失败的。

接受挫败感，允许失败发生在“这一次”

挫败感强大的人往往会感觉潜意识中有种条规在约束自己：我是不能犯错的，我是不能做不好的。

如果我们将这种设定再加上“绝对”两个字的话，事情往往会变得更有趣：我绝对不允许事情出现差池，我绝对不允许自己比别人过得不好，我绝对不允许自己表现得不好。当对“我”的要求变得如此绝对化的时候，期望往往会变成一种苛求，而它本应产生的激励作用也会变成折磨自己的所在。

挫败感就是如此——我没有做好，我就不应该放过自己！我就应该拿内在的烦躁与愤怒来折磨自己！因为我的情绪与意识都在告诉我：“你不应该犯错，你不应该做不好。”

但是，如果挫折与做不好都是人之常情，为什么我们不能允许它发生在“这一次”呢？

学会接纳：我们尽力，学会在失败中放过自己

允许逆境发生在“这一次”是一种接纳：接纳自己这一次没有做好，因为人不可能在每一次都做好；接纳这一次的失败，因为人不可能在人生道路上永远成功；接纳这一次的不优秀，因为没有人能在所有方面都比别人优秀。

这是一种热爱与接受自我的表现：放过自己，不去与自己较真，其实就是放过折磨自己。你可以对自己拥有美好的期望，并去努力地实现它，但同时你也应允许自己的失败。这是一件很平常的事情，因为就算如走路被绊一般，再简单的事情，也有失败的概率。而且，如果设定了目标，却只允许“顺利”这一个结果，这本身就是一种悲哀，因为事情不可能时时遂我们的愿。

中国有句老话“谋事在人，成事在天”。在提升逆商的过程中，我们应明白这一句话的力量：只要努力过了，你就应放过自己，允许自己有可能没有做好——所有的一切都有局限性的存在。你应允许自己失败，正如允许自己成功一般。

警惕：远离灾难化的反应

在面对逆境的过程中，高逆商者与低逆商者最大的区别往往在于一点：两者看待逆境以及对之作出反应的方式都会展示出不同的一面，前者更有可能将逆境看成是一般的人生经历，而后者则有可能将逆境看成是可怕的人生灾难。

从长远而言，在对逆境的所有反应中，感觉到灾难化往往是最令人灰心丧气的。当人们让日常生活中的一些不便转化为障碍，又使障碍转化成灾难时，灾难化便会往往不由自主地发生。

良良开着公司的车去处理公司事务时，由于不清楚办事地点的具体规定，他将车停在了违规地点，并因此收到了一张罚单。按理来说，一个普通人的反应会是：“真倒霉！下一次要小心一些！”或者仅仅咒骂几句了事，因为一个罚单只意味着一个罚单而已，而不代表其他的事情。

但与普通人相反的是，良良却是这样想的：“完了！又遇上了罚单！天啊，这个月因为办公事，我已经收到三张罚单了，而这些罚单公司只给报销 50%，这就意味着我这个月要有三百块钱的额外支出！公司真是太自私了，明明办公事，为什么还要让我们自己掏腰包！”

他又联想到自己那窘迫的生活：“这个月又是透支，女朋友吵着让我买房买车，这样子怎么买房买车？她是一个十足的拜金女，真不知道我当初怎么会看上她！要是让她知道了这件事，她准得骂我没出息！在公司被公司骂，回家又被女朋友骂，这样的生活有什么意思？”

其实，一张罚单只是一张罚单，只要你马上想办法解决，并且下次不再犯，那么，罚单并不会对你的人生造成负面的影响。而良良的反应就是典型的灾难化反应。灾难化往往包括对坏事件所做的破坏性的反复思考。一个人对坏事件思考得越多，它仿佛就会变得越坏，它的后果也就显得越发严重。

灾难化同你对逆境的控制力有关。当你让一个坏事件的影响像野火一样蔓延，破坏了你生活的其他方面时，灾难化就发生了。

从大脑开始，阻止灾难大火的蔓延

灾难化开始时，是在你思想中点燃一团小小的火焰，然后就开始扇动它，将一个很容易控制的逆境，变成一场无法控制的灾难。这场灾难的火焰能够吞噬它所蔓延的道路上的一切。

当一名护林员发现了野火后，第一件必须做的事情是什么呢？当然是防止火势的蔓延。他会通过一系列行动来阻止其蔓延，如挖沟、消灭火苗等。当你发现了灾难化的趋势时，你也应该这么做，你必须阻止它的蔓延。

在你的大脑中，灾难化和其他对逆境的反应没什么两样。它只是一个潜意识层面的神经反应模式。为了打破这种模式，你必须在神经传导的途中将其中断。你可用一些技巧来完成这种神经中断，使自己远离严重的灾难化，迅速摆脱逆境，减小损失。

将注意力集中到无关的事物上

将注意力集中到无关事物上，执行起来比较安静，因此比较适合公众场合，如会场、教室及其他人多的地方。

这项中断技巧需要你细心一些，拿起一支钢笔或铅笔，用三十秒的时间盯着它，试图发现至少一项你以前未发现的细节，如印字、颜色、尺码、形状等。

此时，你可能很容易就发现了一些钢笔的细节。通过将注意力强烈地集中于无关物体上，你就达到了分心并阻止灾难化的目的。这项技巧有很大的灵活性，你可以在任何地方使用它。

想象一下晚上你接到家人的一条信息："马上给我回电话。"你试图回电话，但总占线。你立刻有了一种不祥的灾难化反应。

"哦，我希望一切都顺利，但愿不是遇上了车祸，或者……"

这时，你意识到自己有了灾难化反应。你拿起电话旁的一本书看起来，你看到了书名、作者、出版社，还有你平时不注意的封面上的文案，甚至还发现它在印刷质量上有些瑕疵。就这样，你的注意力分散了，不再聚焦在引起灾难化的事件上，你静静地阻止了灾难化的蔓延，使火花在变成野火之前得到了控制。

进行一些积极的娱乐活动

有时，强迫自己从逆境中分神出来是非常有效的。这可以有效地防止小的灾难化，让你从现在的情绪中摆脱出来。当你的精神状态好转时，再去重新面对它。它推迟了你的反应，让你有时间来考虑一切因素，以便采取有效的行动。

有许多娱乐方式能防止灾难化，与其对坏事情反复思考，不如去听一场音乐会，看一场电影，或去参加任何一项能使你发笑的娱乐活动。这些活动不但能打破你旧的固有模式，还能在很大程度上改变你的生理和心理状态。

灾难化可以使你免疫系统的功能降低，它是通过释放神经介质来实现的。当你看到电影中的激动场面时，就可感觉到自己身体的变化。

你紧张、放松、发笑，对你所看到的一切都作出反应。娱乐不仅能改变你的反应，还能改变你的生理状态。

有时一部低劣的电视剧，一本滑稽的小说也很有用。潜在的娱乐方式太多了，你不妨一试！别让逆境在你的脑中翻来覆去地折磨你。娱乐对于打破破坏性的模式、将你推回正轨是一个有力的工具。

通过运动来改变你的状态

当你在逆境中反复思考时，你将你全部的能量和活力都倾注其中。没有什么比将注意力集中到你做的一件错事上更令人灰心丧气了。你越是翻来覆去思考它，你就变得越呆板。它就形成了一个恶性循环：痛苦—思考—痛苦，直到你筋疲力尽。

这时，我们需要打破这个循环怪圈，而此时最有效的方法，就是将你的能量投入运动中去。从你的椅子中站起来，去走路、跑步、骑车、射箭，或者其他你喜欢的任何运动。大部分人只需坚持二十分钟运动就可以从中获益。

在逆境生活中，你可以将这些技巧结合起来使用。当你观察你的反应时，一旦发现有灾难化的苗头，马上使用这些中断技巧，这可使逆境不致延伸到你生活的其他领域。经多次练习，你摆脱逆境的能力和你的逆商都能得到很大程度的提高。

使用了这些技巧之后，你会发现，自己看待困难及对之作出反应的方式都会改变。但它的巨大作用要在以后才能逐步地显现出来。

随着时间的推移，你发现逆境的能力、对逆境的结果拥有的能力、分析逆境及采取准确行动的能力都将得到逐步提高。你会改变看待自己和他人的方式，你将能承受巨大的打击。

所有事物都有边界，包括当下的逆境

我们被困于逆境之中时，总是会期望自己未曾遇到过逆境。若那逆境再稍稍大一些，那么，我们便会有感觉：当下的磨难是如此煎熬，仿佛那挫折永远不会过去一般。但事实上，与人生一样，任何逆境都会有尽头。再精彩的人生都会有一个句号，再大的逆境也会变成过眼云烟。

在低逆商者看来，逆境的出现总是太过迅速，但离开却太过缓慢。身处磨难之中，他们恨不得自己的人生可以过得快一点，再快一点。但是，在高逆商者眼中，逆境只是代表了某一个时期内的一小段经历，而不是整个人生的色彩。

他在自己的一生中曾经遭遇了两次惨痛的意外事故。

第一次不幸发生在他 46 岁那年。当时，一次意外的飞机事故，烧坏了他身上 65% 以上的皮肤。在多达 16 次的手术中，他的脸由于多次植皮而变成了一块彩色板。在这次事故中，他失去了十指，双腿也变得极为细小，而且无法行动，医生告诉他，他终身只能以轮椅为生。

谁曾想，在 6 个月以后，他竟然亲自驾驶着飞机飞上了蓝天！

4 年以后，命运之神再一次让这个不幸的男子经历了一场常人无法想象的挫折：在一次驾驶飞机的过程中，他所驾驶的飞机在起飞之后突然摔回了跑道，他的 12 块脊椎骨无一例外地被压得粉碎，腰部以下瘫痪了。

但是，他却并没有将这些灾难当成自己消沉的理由，他说：“在瘫痪之前我可以做 1 万件事，如今，我可能只能做 9000 件了，但是，我依然可以将目光与注意力放在这能做的 9000 件上。虽然我的人生经历了两次这样的残酷，但是，我依然愿意选择不把挫折当成自己放弃努力的借口。”

这位生活中的强者便是美国人米契尔，也正是因为永不放弃的持续努力，使他最终走出了人生低谷，成了一位企业家、公众演说家，同时还在政坛获得了自己的一席之地。

林肯曾言："我们所关注的，并非你是否经历过挫折，而是你在面对挫折时是否能够无怨无悔。"

就如同贫瘠的土地也可以生长出美丽的花朵一样，在黑暗中，美丽的人性之花也会绽放。哪里有困难需要克服，哪里有不顺的境况需要改善，哪里便会放射与显现出人性中最美好的品德光彩。

所有的事物都有边界，包括当下的逆境。这种话说起来容易，但恐怕连熬过了数次巨大灾难的米契尔也不得不承认：在新的逆境到来以前，人生是那么痛苦。为什么当我们处于困难之中时，连时间都仿佛变得漫长了一般？这与个人心理感受有关。

身在灾难之中，时间会产生特殊的心理效应

据说，有一位青年去拜访爱因斯坦，请他对相对论进行更简单易懂的阐述。爱因斯坦想了一下说："当你伸手向自己的父亲要钱时，你会感觉十分钟太过漫长；但当你与心爱的女友携手同游时，你会感觉，十个小时都太短。这就是相对。"

在不同的事件中，人们总是会对时间产生长短不一的感觉。这首先是因为人们所从事的活动的内容所带来的感受会直接影响到我们对时间的估计。比如，一位站在工作岗位苦苦支撑的工作人员，与一位站在他的身边、与故友重逢后寒暄说话的人，一个活动内容枯燥，另一个却内容有趣，便难免造成时间知觉上的差别。当你因为工作太困难而需要太多时间，而某一位同事却因为工作太简单而认定工作无聊时，你眼中的时间会比同事感受中的时间流逝得快：你需要更多的时间去解决问题，而对方需要更少的时间去摆脱无聊。

再者，就连情绪与态度对人估计时间的长短也是有着明显区别的。正如人们所说的"寂寞嫌时长，欢乐恨时短"，身在困境之中，我们很容易产生"度日如年"的感受；但走出困境、走入顺境之中时，我们又会有“光阴似箭”的感觉。实际上，时间永远是客观的，它并不会因为个人的主观感觉而变快或者变慢。

在逆境之中，学会放下过去向前看

产生时间错觉的一大原因，很大程度上是因为我们总是过分地将自己的感受集中在受挫的那个时间段。工作没有完成,受到老板的训斥；家人突然生病住院，正在手术中，而你焦急地在手术室外面等待……当我们将自己的精力与时间大部分地放在了挫折或逆境发生的那一瞬间时，我们往往会感觉到沮丧，而这种感受与身处的环境又会进一步加重时间的漫长感。

想要改变这一切，我们就必须要学会放下过去向前看：没有人愿意承受挫折与失败，但是既然挫折已然发生，又何必让自己沉浸在痛苦的深渊中？就如同莎士比亚曾说过的那样：“聪明人永远不会坐在那里为自己的损失而叹息，而是会不断地寻找方法去弥补他们的损失。”所以，在面对挫折时，你不需要让自己过分忧虑，更不需要悲伤、流眼泪，要让自己放眼向前看。一切都会过去，生命有低谷也会有高潮，而我们依然有重新开始的资本与精力。

尝试着让自己摆脱负面情绪

若我们始终沉沦在负面情绪之中，那么，负面情绪本身也会对我们形成威胁。因为负面情绪的存在，个人将很难找到新的前进方向，再加上身处逆境需要格外的冷静，若无法做到，那原本微小的挫折可能会变成大的磨难。

因此，我们应尽量让自己摆脱是受害者或者是被压迫者的错觉，克服内心的缺点，不要再做自己的奴隶，彻底抛弃那些自怨自艾的负面想法与行为。一旦让它肆意对你的心灵进行侵蚀，你将永远也无法获得更有意义、更全面的人生。让自己铭记这样的人生准则：内心世界决定个人视界。如此一来，你便不会再在困境中沉沦。

其实，身处逆境之中时无须抱怨，这样的人生经历何尝不是一种别样的风景呢？逆境中的时间会延长，而若你能够如高逆商者一般，在这种延长中去仔细地品味挫折，并从中吸取经验。那么，人生并不见得就会一沉到底——相反，你获得自救甚至他救的机会反而会更大。

找到依靠的力量：我是我的朋友

“众人拾柴火焰高”固然美丽，“独木成林”也是一道特别的风景。集体的力量与智慧虽然重要，但面对当下的挫折与困境，找到自我的力量，才能够立足于社会、走出困境。那些在沙漠中的孤独旅行者，只有学会全面地依靠自己、才能够找到绿洲，就如同是化蛹的蝴蝶一般，唯有自己咬破蛹壳才能展翅飞翔。

在 40 岁那年，默默无闻的小人物托马斯·卡莱尔终于完成了自己人生的第一本书稿。这本书稿穷尽了他前半生的全部心血，他迫不及待地将书稿交给自己的好友——已颇具盛名的哲学家和经济学家约翰·斯图亚特·穆勒，请他担当书稿的第一读者。穆勒不敢辜负朋友的重托，他推掉所有的事务，将自己关在雅静的书房，花费了整整 4 天的时间，将全书仔细而完整地阅读了一遍。随着阅读的深入，穆勒越来越强烈地感觉到，这是一本了不起的著作。当他读完最后一页，抑制不住内心的激动，将书稿放在椅子上，走出书房，来到花坛，思考该如何用自己的影响力，使这本伟大的著作能尽快引起外界的关注。

然而灾难来临了。当穆勒离开书房后，一阵寒风吹来，桌子上的书稿被吹落一地，前来送甜点的女佣看到散落在地上的书稿，以为是主人丢弃的废纸，便将它们收拾干净，并顺手投进了火炉。1835 年 3 月

15 日是穆勒一生都无法忘记的日子。他怀着巨大的痛苦和内疚来到了卡莱尔家中，将这个难以启齿的坏消息告诉了卡莱尔，卡莱尔一下子惊呆了，许久，两个人都沉默不语。卡莱尔后来回忆当时的情形说："我还清晰地记得那一天，穆勒面色惨白，如同一个鬼魂，他的惶恐如此强烈，使我觉得我必须反过来安慰他。"最终，从震惊中清醒过来的卡莱尔对愧疚难当的好友说道："好了，我的朋友，你不必那么痛苦。我已经决定了，从现在开始，我将重写这本书。"看着穆勒离去的背影，看着他痛苦不堪的神情，卡莱尔决定重新写这本书。

然而，重写又谈何容易呢。对一个作家而言，将一部已经完成的著作再靠着记忆重写一遍，比另起炉灶新写一本书更为吃力和痛苦。但卡莱尔顶住巨大的精神煎熬，以罕见的毅力，终于在数月后将书稿重新完成。在得知卡莱尔重新完成书稿后，穆勒内心的喜悦超过了任何一个人，他终于可以从痛苦和内疚中解脱出来了。他问："我完全能够想象这项工作的艰巨性,我想知道的是,你的动力究竟来自哪里？"卡莱尔说："我的朋友，在那种时候，唯一能够让我走出困境的，就是相信我可以做到这件事。"穆勒心领神会。

"相信自己可以做到"，正是这样的人生态度，最终成就了一个伟大的史学家——托马斯 · 卡莱尔。他的众多著作对世界产生了重要的影响。事情既然已经发生了，就算哭天抢地也无法挽回，只有找到真实可以依靠的力量，才能够让自己走出困境。

我们会记得更多针对自己的正面评价

心理学家一向推崇正确的自我认同：在辨别自身才能与潜力的基础上去适应自己在社会上的角色，本身就是一个发现自我的具体过程。在面对这种自我认可的过程中，我们中的大多数人会因为从小培养起来的道德准则而丢弃负面的角色，如毒品滥用者、赌鬼等，以满足拥有活力、财富与人生积极体验的渴望。

但是，这种自我认同往往需要建立在发现并发展个人潜能上，而个人潜能并不会凭空出现，它多在个人遇到挫折与困难时，以激励自我的方式使自己迸发出与以往截然不同的力量。至此，人们才会感觉到，自己的体内有不可思议的巨大力量存在。想要让这种力量以更加常态的方式来改变自己、改变挫折频繁出现的生活状态，我们就必须在对自我进行正面评价的过程中掌握一定的方法。

停止自责

许多人由于某种程度上缺乏自尊而感觉到痛苦，有些人则很难完全地相信自己，因为他们感觉自己有所谓的缺点，要真正地相信自己是不可能的。但事实上，如果我们不能停止自责的话，发掘潜能、找到依靠的力量甚至是提升逆商都会成为一句空话。

如果我们能够在生活中意识到，自己已经够好了，不管发生什么，我们都是唯一可以依靠、唯一永远不会遗弃自己的力量，我们就能够轻松地改变生活。如果我们感觉自己不好，便很难改变什么。每一个人都需要改变，当我们能够完全地相信自己时，我们的力量可以让我们更好地调整以适应当下的困境生活。

为自己创造“有价值”的感觉

在问题家庭中成长起来的人往往拥有高度的责任感，他们习惯于对自我进行负面的残酷评价。由于童年在紧张与压力中成长，儿时他们往往会有“我一定有什么异常”的感觉。当你有这些感觉时，请花费一些时间，想一下自己骂自己的话。有些人常骂自己“真没用、讨厌、邋遢、坏孩子”等，你也用这些话骂过自己吗？

给自己创造出“有价值”的感觉是非常必要的。当我们感觉自己不够好时，潜意识便会令自己给自己找挫折，使自己陷入不幸之中，给自己的身体制造疼痛与疾病，并拒绝对自己有好处的东西。

我们不会随时都有安全感，因为我们只是平凡的人。因此，请不要相信外界是一直可靠的，那样只会让你在身处挫折中却找不到可依靠的力量时更加绝望。相反，当我们看到了自己的创造性、个性时，我们将会赞赏自己的不同，并发现自己可以依靠的地方：唯有我们自己，才是自己永远能够相信的对象。

从现在开始，尝试着去依靠自己

“不满意自己”“不敢相信自己”是一种习惯模式。如果你现在就能爱自己、接纳自己、对自己满意的话，当有美好的事物出现的时候，你就会感觉幸福。如果你学会了爱自己，就能爱与接纳他人。

我们不能改变他人，便先不用管别人，更何况，别人也没有义务帮助你。如果你现在就能学会依靠自己，那么，在挫折之中，你就会更多地意识到，你不需要求助于他人，因为你自己已经在发挥力量了，而这种力量恰恰是让他人主动去帮助你的最重要力量。

你要做的是学习自己过往的经历，并学会从中发现那些“自我奋起直追”的时刻。同时，思考一下：

当时发生了什么？

我是怎样做到的？

为什么现在我做不到了？

不断地回味自己成功自救的时刻，同时将那些自救的时刻不断地形成经验，那么，你便有机会让自己变得更有勇气在挫折中寻找外界力量。

值得一提的是，在依靠自己的过程中，失误是必经之路。同时，失误也是一件有价值的事，它是你的老师。因此，请不要因为失误而惩罚自己。若你愿意从失误中吸取教训，学会成长，那么，最终失误将带你走向更美好的未来。

盘点：选择可行的路径

身处逆境却无法走出往往会让我们产生自卑感，一旦这种自卑感与自我意识中的掌控感相遇时，我们常常会产生错误的想法，仿佛我们在困境之中所面临的难处，都是因为自己无能而导致的——在这种情况下，我们往往会将责任怪罪到自己的头上，从而产生这样的错觉：“不管我多么努力，也不可能改变这种结局了。”

事实上，不管我们面临的是多么艰险的困境，只要个人不放弃，那么，事情就算再艰难，它也会成为过眼云烟。

每一个人都有可能在漫长的人生旅途中遭遇不同程度的困境。当困境如山一般挡在我们的面前时，我们需要并应该认真思考：我们要的到底是什么？心理学家告诉我们，任何人做任何事情都是带有一种需求的，明确并实现这种需求，我们才有可能让自己真实地获得抗击挫折、走出逆境的力量，并获得提升逆商的机会。

鉴于大部分人并不了解在面对逆商时的需求分析，我们完全可以从短期开始。

若你感觉迷茫，可以从做些短期的实验开始

所谓的短期实验，就是选择几个你感觉有趣，但是认为自己无力应对的领域，让自己去做做试试看。不管是义工、工读还是兼职的机会，甚至是与他人合作运行一个新的案子，只要让你能够有机会去体验一下与日常生活中遇到的困难不同的困难，你就应该去试试看。

你或许并不会把这些困难看成是可贵的经验，而且，你可能终其一生只体会了一次这种不同领域的经验。表面上看起来，你好像投入了时间与精力且吃亏了。可事实上，你获得了很多：你透过真实的经验，真的去体会了一下新的领域中的困难。如果你没有感受到成就感与投入感，你会发现人生中的逆境的确是一种平常。拿短时间来体验，以避免未来长时间的浪费，其实根本不能算是吃亏。

确定你的个人模式

当你过分渲染自己在困境中的每一个小困难时，分离出每一个组成部分都会很困难，但这也能够帮助你找出独属于你个人的反应模式。例如，想想当下令你烦恼的这件事情：它是如何引起你烦躁、无力掌握的感受的？它们又是如何引发你担忧的想法的？

留心你未来有可能遇到的同类现象同样有帮助。因此，你要对自己如何变得那般无力这件事情保持足够的好奇与关注。你可以问问以下问题来找出自己一系列的焦虑与忧心。

你最后一次感觉到平静或者有力控制人生是什么时候？

接下来发生了什么事情？

这次之后，你便开始出现了一系列的担忧想法吗？

这是你对刚刚发生的事情的反应吗？

你有没有看到或者听到些什么提醒了你的担忧，或者你的担忧出现，但却没有明确的原因？

一旦你开始产生担忧与无力感，紧随其后的是什么样的感情与感受？

你对自己说了些什么来回应它们？

你是否在这一系列的过程中以任何的方式来改变你的行为呢？比如，检查东西、寻求安慰，或者避免做某些事情？

如果是这样，随后产生的是什么想法与感受呢？

拉自己一把

德国心理学家卢斯 · 克里斯曾经这样描述过自己的心境：“我这里

的冬天比想象中更长一些，有时候，雨甚至会连续下好几天。我没有那么期待春天，只是学会了在冬天的时候给自己多穿一点；在下雨的时候给自己准备一把伞。因为我知道，就如同天总会亮一样，日子总会暖起来。在以后的日子，天还会黑，冬日还会再来，路还很长，所以，我们都应该学会自己拉自己一把。”

当你发现自己所面对的困境是如此巨大时，其实，你不必过分渴望当下就熬过它。与其过分地指望逆境在一瞬间就会过去，倒不如让自己静下心来。

当下的困境之所以无法度过，往往是因为我们的才能还无法跟得上人生的发展——不管你是谁，你在过往有多么强大，总有那么几个时刻会让你发现，无力感是永远摆脱不了的。如果你在盘点自己可行的路径时却没有发现出口，那么，不如先放下寻找出口的念头，想想该如何解决无力感这类如杂草一般在你心头丛生的情感吧！其实，这也是提升逆商的一种可行路径。

变化强化转化，实现逆顺的转变

若奇迹本身就是超乎寻常的存在，那么它常常是在征服逆境的过程中显现的。古罗马哲人塞涅卡说过这样一句格言：“真正的伟大，在于以脆弱的凡人之躯而具有神圣的不可战胜性。”人才由磨炼而成，稍遇挫折、身处逆境便一蹶不振、停滞不前的人绝不会成功。

一帆风顺固然令人羡慕，但逆水行舟则更令人钦佩。人生道路的延伸也是直线与曲线的辩证统一。面对幸运时，我们需要的美德是节制，面对逆境时，我们需要的美德是怀有期望。从人生成长而言，后者远比前者更难能可贵。

美国著名人权人士哈里埃特·塔布曼曾经讲述过这样一件事情：

在他少儿时期，塔布曼的家庭处于极端的贫困中，一家人经常因为吃不饱饭而发愁。一天放学后，塔布曼听到母亲与哥哥说，现在家里有了一些闲钱，年少的他立即向母亲提出请求：去期盼已久的中国餐厅吃一顿饭。

在哥哥的帮助下，母亲答应了塔布曼的请求，塔布曼终于品味到了中国菜的味道。而为了感激母亲多年来为一家人做出的努力，塔布曼用自己的零用钱，购买了一份当时只有有钱人才会阅读的粉底黑字的《金融时报》。

塔布曼向妈妈许下心愿："妈妈，总有一天，我会让您整日读到这样的报纸。"

那一年，他才6岁。6岁的塔布曼回到家中，躺在自己的床上，嘴里不断地回味着刚刚吃过的美食，想象着母亲在席间快乐的笑容、哥哥们的打闹声，这使他人生中第一次品味到了幸福，更让他充满了希望：今日的美好体验，让他感受到了家庭带来的快乐。而现在，他想到的是日后如何才能让辛勤的母亲过上好日子。

在总结这段回忆时，塔布曼说道："6岁那年，我在贫瘠的生活中开始学会体会美好的生活，同时，我也明白了这样的人生道理——我只有两种选择：要么在快乐里继续，要么在痛苦中死去。很显然，前者能够带来更多的幸福。"

如塔布曼一般在逆境中依然怀有希望的人往往拥有高逆商。他们在艰难的环境中，依然有决心去升起对美好生活的渴望，依然有梦想去战胜逆境——没有这种决心与梦想，再怎么强调"逆境是机会"，都只会变成另一种悲剧。正如法国作家巴尔扎克所说："世界上的事情从来没有绝对，结果总是因人而异的，苦难对于天才而言是一块垫脚石，对于能干者是一笔可贵的财富，但对于弱者而言，则是一个万丈深渊。”

变化：意识到你的处境，强化你的积极想法

人生总是有许多无奈与痛苦的事情发生，有很多人在面对这种无奈与痛苦时，习惯性地将指责的目光投向外界——他们认为，自己的苦难与不幸都是社会、他人造成的。但事实上，与其总是带着批判与质疑的眼光去看待社会，不如多让自己看到美好的一面。多看到美好的一面，并将美好放大，会让你在遭遇痛苦时所受到的伤害降到最低。

我们必须要承认的是，只有当我们愿意看到自我生活中的每一个最好的一面时，我们才能够体验到真实的甜美。现在，你可以选择从自己的心灵与生命中去除那些可怕的、具有恐惧与毁灭性的观念与想法，那些不好的东西往往会阻挠你成为更优秀的人。但是，你越是能够让自己看到积极的一面，你就越能够靠自己的双脚站立：我给自己所需要的东西，我正在安全地成长，我越是成就自己，人们便会越爱我。

强化：多想正面想法，让自己看到美好

有许多方式可以帮助你看到改变，你也可以开始更加诚实地检视你的缺点：不是看你哪里错了，而是看你到底堆积了多少障碍，让你无法看到美好的东西，让你无法变得更好。在这一过程中，你需要注意的是，不要进行诸如“我不漂亮”“我的学历太低了”一类的自我攻击，你要做的只是去掉这些障碍，同时为自己做出一些改变。许多心理障碍都是我们从生活中引起的。

停止所有的批判行为

批评是对你的人生最无益的行为，它从来不会对任何事情有利。你要注意的是，从自己的身上拿掉这种批评的负担，不要去恶意地批评自己，也不要恶意地批评他人。通常，我们在他人身上找到的缺点，往往是我们不喜欢自己身上某种东西的外界映射而已。对他人一直抱有负面的想法，是让我们的生命受到局限的关键原因所在。

不要陷入自我恐吓中

许多人习惯去自我恐吓，他们不敢、不愿意去做某事，只是因为畏惧凭空想象出来的困难。你要知道的是，你一次只能有一个想法，因此，你应该学习以正面而积极的肯定语言来思考。这样的话，你的思考才会促进自我成长。

好好地经营自我关系

在尽力去经营与他人的关系时，有些人会将自己丢在一边，偶尔闲暇才会顾及自己。但是，只有当你照顾好自己的时候，你才有能力去更好地经营人际关系。因此，你应真正地关心一下自己，多爱一下自己，多去照顾你的灵魂与心灵，并尊重、珍视自己。在这种时候，你会更容易感受到来自外界的正面信息，而不是让自己受负面情绪的困惑。

当你学会了经营与自己的关系以后，你会更真实地看到，为何自己身在逆境之中，而当你能够正视自己的处境，并强化积极的想法后，你便更有可能从逆境到顺境。

转化：实现从逆境到顺境

转化了想法并不意味着你会立即品味到顺境的美妙——在想象与现实之间，你需要依据于行动带来切实生活的改变，而这些改变需要你从积极学习开始。

不断地学习

你可能经常会抱怨自己不懂这个、不懂那个，同时也不知道自己该做什么。可你是否忘记了：你可以进行自我学习。在这个资讯发达的时代里，到处都能获得你期望中的学习工具。如果你在金钱方面有困难，那么，不妨去利用一下图书馆，或者利用一些自助性的学习团体。

保持正直，遵守承诺

若你期望获得荣誉与自尊，你便必须要保持正直，另外，你需要信守承诺，千万不要承诺自己无法兑现的事情，即使是面对自己也是一样的。不要随便承诺自己说，明天你就要开始运动或者节食，除非你知道自己可以一直将承诺贯彻到底。无法履行的自我承诺只会让你降低对自我的信任程度，无法履行的对外承诺则会让你失去他人的信任。

发挥创意

创意并没有你想象中那么难，那些能够充分发挥出潜能的活动都可以归类为创意。不管你是在制作一个小手工艺品，还是在设计一幢大楼，你都应给自己一点表现的时间。当然，你需要给自己一些时间，去为自己做一些事情，这些事情可以让你的内心充满快乐与幸福，而快乐的感受更会进一步促进你的创意想法，令你容易接受新的观念。

当你能够更多地学习、更严谨地遵守承诺、更积极地发挥创意时，你会发现，自己原本所在的逆境一点点地得到了改变。总有一天，你会意识到，自己已经从逆境来到了顺境之中。

从不忧虑开始，实现逆顺的转变

这个世界正在以令人惊叹的速度发生着变化，而伴随着这种变化而生的是人们无所适从的忧虑所引发的烦恼。我们习惯性地对一切未知的事物进行过度的担忧，因为我们生怕未来会没有自己的立足之地。一位法国作家曾经这样描述发展与个人烦恼之间的关系："我们并没有那么容易因为自然因素与疾病而引发死亡，但是，我们习惯选择以透支明天的烦恼的形式，来将自己弄死。"很多证据都表明：虽然我们的先辈生活在比我们贫乏得多的环境里，但是他们却远远比时下的我们活得更加快乐与悠闲。

若是我们有时间审视自己的话，便会轻而易举地发现，在竞争之中，我们总是喜欢将自己推入莫名的忧虑与不安之中。明天公司会不会裁员，今日递交的方案是否能够通过，上司可能会因为自己表现不出色而轻视自己……我们不断地构想出种种无形的困难，而这些困难正是让原本微小的事情变得巨大的另一大原因。

米亚前几天听到一件非常令她惊讶的事情：自己曾经的老上级才53岁就因为过度忧虑而患上了重度抑郁，如今已到了"求死"的地步。米亚当时简直不敢相信自己的耳朵：在原单位时，那位女领导就如同母亲一般和蔼可亲，虽然身居要职，但是在面对下属时她总是平易近人。这才两三年不见，怎么会发生这样的事情呢？

在前去看望领导时，米亚才知道，老上级本身是一个极有涵养的女性，但是后来随着年龄的增长在职场上备受轻视。再加上不断地有新血液涌入公司，她在公司里变得越来越无足轻重。想想自己从前所做的贡献与在公司中的资历，她心里便产生了一种愤慨，更多的则是对自己未来生活的忧虑。不断地重复负面想象，自然会加快正能量的消耗。这位老上级变得越来越敏感、越来越抑郁，直到家人发现她行为有些不正常，带她去看心理医生时，才知道她已经得了抑郁症。

米亚听到这件事情之后，对照了一下自己的生活：整天担心着明天的工作能不能干好、会不会被领导辞退，儿子在幼儿园会不会听话、是不是能吃饱饭……她发现自己在面对生活的时候也太过忧虑，而老上级的经历为她敲响了警钟：再忧虑下去，自己也有可能变成那样！米亚感到自己也应该减减压了。

生活在竞争强度空前巨大的年代里，很多人因为面临了更多的压力与挑战，所以往往更容易对人生、对自我生存状况产生忧虑。忧虑不仅是我们走向成功与成熟的最大杀手，而且还会使原本聪明睿智的人变得失去理智。

学会利用积极忧虑，让自己摆脱消极忧虑

美国心理学家爱德华·哈罗威尔博士经过多年的临床研究，提出了利用、排除忧虑会有利于个人逆商提升的观点。他将忧虑分为“积极忧虑”和“消极忧虑”两种。

积极忧虑：预期会发生危险并产生的必要的心理准备

这种积极的忧虑会提醒个人对即将到来的逆境早作防范，或者提前采取相应的预防措施。

消极忧虑：一味只思考破坏性的负面想法

消极忧虑是一种破坏性的忧虑，它说来就来，不仅不能帮助你采取预防性措施，而且会令你掉入情绪的黑洞中难以自拔，最终损害身心健康。

爱德华博士认为，积极忧虑不仅不会损害个人心理健康，而且有利于逆商的提升。这种忧虑的存在，至少会在灾难来临之前，让我们不至于惊慌失措、一筹莫展，更不至于陷入情绪不佳的境地。因此，我们不仅不应反对，而且还要充分地利用，以减少逆境的发生。

相比之下，消极忧虑则是想象上的失真或者夸张。它给人的心理带来了不必要的压力，久而久之，便会演变成一种心理缺陷，令人忧心忡忡、无法自拔。因此，人们应该设法排除它。

从以下方面入手，降低消极忧虑的频率

想要减少消极忧虑的概率，我们便需要从以下方面入手，让自己的消极忧虑减少，并同时增加自我积极忧虑的可能性。

改善现在

在欧洲有这样一则故事，当一位占卜者被问及他是怎样解读未来时，这位占卜者说："未来是神的，只有他才能够揭露未来，而且，通常是在某些特别的情境中才可以被揭露。而我是靠什么去对未来进行揣测？靠的就是自己现在看到的预兆。"这位占卜者非常明智：未来的秘密就藏在现在，若你关注于眼下，你便能够改善现在；而一旦你能改善现在，那么，你的未来便一定会更好。

规划自己最佳的未来

我们应该认真地根据自己现在可见的预兆，去对自己最佳的未来进行规划。因为没有成功会无端从天而降，只有现在选择了适合的方向，同时努力地过好每一天，未来才会有可能成真。至于未来是否一切天遂人愿，则属于"成事在天"范畴。

别用昨日的失误去衡量未来

对于过往因自己而生的各种缺失，如果我们已经判断得出那是因为自己能力有限、资源不足而造成的，那么，我们就应学会对它所延展出来的当下的伤害进行释怀。这就如同人们不会去责难为什么一个幼儿走路会跌倒一样，因为那是他成长过程中必须要体会的过程。职场中，我们也应学会，不要去用自己的失误折磨自己，更不要用这种失误延展到未来。

反省与调整

这是将忧虑的负能量转变为积极的正能量的关键。那些过去因为自我无知、任性、不负责，以至于现在对自己或者对身边的人产生了伤害的状况是我们最需要去反省与调整的。身在这种状况之下，远离忧虑绝非对过去完全弃之不顾，而是对未来满怀憧憬。因为如果未能找出过去失败的原因，不但无法对自己当下的处境进行改善，未来也不可能过得更好。

反省时，我们应注意，让自己通过以下方式进行调整。

静下来，寻找自己现在之所以遇到困难的主要原因；

诚实地面对自己，并找出上一次同样的犯错经历，找到自己之所以再犯的盲点；

写下自己认为有可能更好解决问题的途径，比如向同事求教、向上司索求资源；

实践自己修订的行为。

当你做到了以上行为时，你的忧虑会减少，你对明日的担忧也会因为积极的努力而转变为积极的正能量。

英国诗人约翰·弥尔顿曾经如此描述过心灵所向："你的心，可以创造出一个天堂般的地狱，也可以创造出一个地狱般的天堂。"忧虑所带来的，正是身在人间、心却已堕入地狱的可怕境地，而改变这一切就在于你是否愿意从提升逆商开始，让自己获得改变命运的力量。